Günter Kobelt · Biologische Abluftreinigung

Biologische Abluftreinigung

Grundlagen – Planung – Betrieb

Dipl.-Ing. Günter Kobelt

Kobelt, Günter:
Biologische Abluftreinigung: Grundlagen - Planung - Betrieb /
Günter Kobelt. - Düsseldorf: VDI- Verl., 1995
  ISBN-13: 978-3-540-62169-0   e-ISBN-13: 978-3-642-95759-8
  DOI: 10.1007/978-3-642-95759-8

ISBN-13: 978-3-540-62169-0

Vorwort

Nachdem ich Anfang der 80er Jahre bereits über zwei Jahrzehnte auf dem Gebiet der Luftreinhaltung tätig war, begann ich mich damals eingehender mit den Problemen der biologischen Abluftreinigung zu beschäftigen.

Zu dieser Zeit galt sie immer noch als ein eher exotisches Verfahren, als eine Art "black box", deren genaues Funktionieren sich einer genauen Voraussage entzog. Hochrangige Fachleute sprachen damals abschätzig von "high tech im Misthaufen".
Aber die guten Ergebnisse bei der Geruchsbeseitigung durch Biofiltration und die Tatsache, daß es sich um ein sehr energiesparendes und damit umweltfreundliches Verfahren handelte führten zu zunehmender Akzeptanz in Fachkreisen und in der gesamten Wirtschaft.
Unter Förderung des BMFT wurden Ende der 80er Jahre Versuche zum Abbau von Lösemitteln speziell für die Druckereiindustrie durchgeführt, die ab etwa 1990 zum Einsatz der ersten kommerziell errichteten Biofilteranlagen besonders für Siebdruckereien führten.

Nach dem ich nun selbst seit mehreren Jahren in der Planung und beim Bau derartiger schlüsselfertiger Biofilteranlagen tätig bin, möchte ich mit dieser Veröffentlichung meine Erfahrungen einem breiteren Kreis von Interessenten vermitteln und auch noch bestehende Vorurteile gegen die biologische Abluftreinigung abbauen helfen.
Gleichzeitig möchte ich allen danken, die diese Abhandlung mit Rat und konstruktiver Kritik unterstützt haben, die mich in mikrobiologischen Fragen berieten sowie der Firma bc bioclean für die freundliche Unterstützung.
Stellvertretend für alle möge hier der Name meiner Lektorin, Frau Zita Glaser vom VDI-Verlag stehen, die einem vielbeschäftigten Autor die verspätete Manuskriptlieferung verständnisvoll nachgesehen hat.

Günter Kobelt

Inhalt

7 Emittierte Schadstoffe und ihr mikrobiologischer Abbau   103

8 Sachregister   111

1 Einleitung

1.1 Die Problemstellung

Die extensive Erweiterung des Straßenverkehrs, der industriellen und gewerblichen Produktion sowie die Bestandsvergrößerung bei der landwirtschaftlichen und industriellen Tierhaltung einerseits und das gewachsene Umweltbewußtsein andererseits haben in den vergangenen Jahrzehnten ein Problem in das Bewußtsein der Öffentlichkeit gerückt: die Geruchs- und andere Belästigungen durch meist niedrig konzentrierte Luftinhaltsstoffe aus den verschiedenartigsten Emissionsquellen meist organischen Ursprungs.

Während in früheren Jahren von derartigen Auswirkungen wenig oder gar nicht Notiz genommen wurde oder diese als unumgänglich galten, führen heute erhöhte Ansprüche an die Lebensqualität und das gestiegene Umweltbewußtsein der Bürger zu massiven Reaktionen der Betroffenen, was sich z.B. in einer großen Anzahl von Beschwerden sowohl bei den verursachenden Betrieben und Institutionen als auch bei staatlichen Stellen und Aufsichtsorganen ausdrückt. Damit stellt sich die Beseitigung oder zumindest eine erhebliche Verminderung derartiger belästigender Emissionen eine umweltschutztechnische Aufgabe dar, deren Wichtigkeit der der Bekämpfung gesundheits- und umweltschädigender toxischer Luftschaftstoffe gleichzusetzen ist.

Damit stellen sich der Umwelttechnik bei der Elemination organische Luftverunreinigungen zwei Aufgaben, die sowohl einzeln als auch komplex zu lösen sind:

– der Abbau von Schadstoffen organischen Ursprungs in solchen Konzentrationen, die echte Umweltschädigungen hervorrufen oder auf Lebewesen toxisch wirken können und
– die Vermeidung von Belästigungen, d.h. im allgemeinen von Geruchsemissionen.

1.2 Geruchsemissionen und ihre sensorischen Wirkungen

Nach *Kohler* u.a. [1.1] ist Geruch eine chemisch und physikalisch nicht definierte Größe, sein Auftreten immer an das Auftreten dampf- oder gasförmiger chemischer Verbindungen gebunden. Die Geruchswahrnehmung beruht nun auf einer selektiven Reaktion zwischen diesen flüchtigen chemischen Verbindungen und hochspezialisierten Sinneszellen [1.2].

Der Wirkmechanismus der Geruchsstoffe bzw. ihrer Wahrnehmung läuft dabei in folgenden Schritten ab:

– Emittierung der Geruchsstoffe,
– Transport mit dem Trägergas (d.h. i.a. der Luft),
– Diffusion durch Schleim- und Lipidschicht
– Auslösen einer Reaktion am Rezeptor

Die Wahrnehmbarkeitsgrenze für viele Verbindungen, der sogenannte Schwellenwert C_S, liegt dabei zum Teil extrem niedrig, was neben der problematischen (individuell unterschiedlichen) Wirkungsfeststellung außerdem zu einer chemischen Analytik in kleinstem Maßstab führt, wodurch die Gesamtproblematik weiter kompliziert wird.

In der Vergangenheit sind eine Vielzahl von Geruchstheorien aufgestellt worden, wobei die von *Moncrieff* und *Amdore* weiterentwickelte "Schlüssel-Schloß"-Theorie (nach *Fischer*) den heutigen Wissensstand über die Wechselbeziehung zwischen Geruch und Molekularstruktur darstellt [1.3].

1.3 Die Bewertung von Geruchsemissionen

Der Informationsgehalt der Geruchswahrnehmung wird nach *Jäger/ Schildknecht* [1.1.] durch die drei folgenden Komponenten charakterisiert:

– die Geruchsart, d.h., den qualitativen Geruchseindruck,
– die Geruchsstärke, d.h., den quantitativen Geruchseindruck und
– die hedonische Geruchswirkung, d.h., die (individuell unterschiedliche) physiologische Wirkung,

die alle stoff- und konzentrationsabhängige Größen darstellen. Dabei soll nach *Cain/Moskowitz* [1.3.] die Geruchsstärke GS logarithmisch von der Konzentration lg c abhängen.

1.3.1 Sensorische Analytik (Der Detektor "Nase")

Durch Zumischung von geruchloser Reinluft V_R zur geruchbeladenen Probe V_P wird ein Gemisch erzielt, das gerade noch eindeutig von Reinluft zu unterscheiden ist [1.3.]. Damit wird die Geruchseinheit GE als dimensionslose Kennzahl aus dem Verdünnungsverhältnis abgeleitet:

$$GE = \frac{V_R}{V_P} + 1 = \frac{C_o}{C_S} \qquad\qquad (1.1)$$

und stellt die Konzentration des Geruchs im Probengas C_o zum Geruchsschwellenwert C_S dar.

1.3.2 Instrumentelle Detektoren

An instrumentelle Detektoren ist die Forderung zu stellen, daß ihre Empfindlichkeit der des Detektor "Nase" zumindest ebenbürtig ist.

Untersuchungen von *Sydow* [1.2.] haben ergeben, daß von den verschiedensten gaschromatographischen Detektoren wie

> Wärmeleitfähigkeitsdetektor
> Flammenionisationsdetektor
> Electron Capture Detector (ECD)
> Stickstoffselektiver Detektor
> Schwefelselektiver Detektor
> Massenspektrometer oder
> Multiple Ion Detection (MID)

in der Mehrzahl aller Anwendungsfälle mindestens ein Gerät die Empfindlichkeit der Nase erreicht.

1.3.3 Angewandte Meßtechnik

Für die sensorische Untersuchung von definierten Gasmischungen und deren Herstellung sind sogenannte Olfaktometer in Gebrauch, die im Prinzip aus einer Verdünnungseinrichtung und einem Riechteil bestehen.
Dabei unterscheidet man statische Methoden, bei denen Proben- und Raumluft in Gasspritzen gemischt werden, und dynamische, bei denen der Proben- und der Reinluftstrom gemischt werden.

In der instrumentellen Detektion werden die verschiedensten Verfahren und Methoden der Gaschromatographie angewendet, die hinlänglich bekannt sind und auf die hier deshalb auch nicht näher eingegangen werden soll.

Durch parallele sensorische Untersuchung am Trennsäulenausgang lassen sich dabei die geruchsintensiven Bestandteile leichter erkennen und identifizieren [1.4]. In der Praxis werden überwiegend summenparametrische Konzentrationsmessungen des organischen Kohlenstoffs durchgeführt und der Beurteilung von Abgasreinigungen zu Grunde gelegt.

1.3.4 Wirkungsgrade von Geruchsverminderungen

Nach *Jäger/Kohler/Schwarzbach* [1.1.] läßt sich der Wirkungsgrad einer Desodorierung allgemein als das Verhältnis der Konzentrationsabsenkung C_e-C_a zur ursprünglichen Konzentration C_e definieren. Dabei läßt sich der Wirkungsgrad sowohl auf

$$- \text{die Konzentrationen:} \qquad \eta_c = \frac{C_e - C_a}{C_e} \qquad\qquad (1.2)$$

als auch auf

$$- \text{die Geruchseinheiten:} \qquad \eta_{GE} = \frac{GE_e - GE_a}{GE_e} \qquad\qquad (1.3)$$

beziehen.

Diese relativ einfache Ermittlung berücksichtigt jedoch nicht die eventuelle Stofftransformation und die Produktion von Eigengeruchsstoffen während der Desodorierung.

1.4 Vermeidungsstrategien

Die Abluftreinigung stellt im Grunde genommen eine nachträgliche Maßnahme dar, luftfremde Stoffe aus der Abluft von Produktions- und anderen Prozessen zu entfernen und diese damit wieder in einen solchen Zustand zu versetzen, mit dem sie aus der Umgebung entnommen worden ist.

Während sich bei der Abfallproblematik ganz allgemein die Erkenntnis durchgesetzt hat, daß die Lösung in der Rangfolge "Vermeidung vor Verwertung vor Beseitigung" liegt und diese auch vom Gesetzgeber entsprechend gefördert wird, ist bei der Abluftreinigung ein entsprechender Erkenntnisprozeß bisher nicht sichtbar.

Damit ist für den Produzenten wirtschaftlich weder interessant, durch erhöhte Aufwendungen im Produktionsprozeß bereits die Entstehung von Emissionen zu vermindern oder ganz zu vermeiden noch bringt es ihm Vorteile, umwelt- und resourcenschonende, d.h. energiesparende Reinigungsverfahren einzusetzen.
Damit sind vom Marktmechanismus her keine Anreize für Vermeidungsstrategien vorhanden, solange vom Gesetzgeber hier keine Initiativen ergriffen werden.

Deshalb muß dieser Mangel heute noch vom Planer der Abluftreinigungsanlage kompensiert werden, in dem er ein möglichst energiesparendes Verfahren wie zum Beispiel die Biologische Abluftreinigung, die im allgemeinen bei Umgebungstemperatur und -druck abläuft, anwendet.

1.5 Gesetzliche Grundlagen der Luftreinhaltung

Die Grundlage aller Verordnungen, Verwaltungsvorschriften und sonstigen Bestimmungen in der Bundesrepublik Deutschland bildet das Bundesimmisionschutzgesetz (BlmSchG) in seiner jeweils gültigen Fassung.

Im folgenden sind die für die Luftreinhaltung wichtigsten Texte aufgeführt:

Gesetz zum Schutz vor schädlichen Umwelteinwirkungen durch Luftverunreinigungen, Geräusche, Erschütterungen und ähnliche Vorgänge (Bundesimmissionsschutzgesetz – BlmSchG)

Verordnung über Kleinfeuerungsanlagen – 1. BLmSchV

Verordnung zur Emissionsbeschränkung von leichtflüchtigen Halogenkohlenwasserstoffen – 2. BLmSchV

Verordnung über genehmigungsbedürftige Anlagen – 4. BLmSchV

Verordnung über Immissionsschutzbeauftragte – 5. BLmSchV

Verordnung zur Auswurfbegrenzung von Holzstaub – 7. BLmSchV

Verordnung über Grundsätze des Genehmigungsverfahrens – 9. BLmSchV

Verordnung zur Emissionserklärung – 11. BLmSchV

Verordnung über Großfeuerungsanlagen – 13. BLmSchV

Verordnung über Verbrennungsanlagen für Abfälle und ähnliche brennbare Stoffe – 17. BLmSchV

Erste Allg. Verwaltungsvorschrift zum BLmSchG Technische Anleitung zur Reihaltung der Luft – TA Luft

Vierte Allg. Verwaltungsvorschrift zum BLmSchG – Ermittlung von Immissionen in Belastungsgebieten

1.6 Literaturverzeichnis z. Abschnitt 1

[1.1] "Grundlagen der biologischen Abluftreinigung" in Staub-Rdl Bd 39
(1979)
Teil I "Chemie der organischen Luftverunreinigungen und Geruchsstoffe"
v. *Jäger/Schildknecht*
a.a.O. H.5. S. 145...148.
Teil II: "Mikrobiologischer Abbau von Luftverunreinigenden Stoffen" v.
Steinmüller/Claus/Kutzner
a.a.O. H.5. S. 149...159.
Teil III: "Analytik von Geruchsemissionen" v.
Kohler/Jäger/Schwarzbach
a.a.O. H.9. S.305...308.
Teil IV: "Abgasreinigung durch Mikroorganismen m.H. von Biowäschern"   v. *Gust/Sporenberg/Schippert*
a.a.O. H.9. S. 308...315.
TeilV: "Abgasreinigung durch Mikroorganismen m.H. von Biofiltern" v.
Gust/Grochowski/Schirz
a.a.O. H.11. S. 397...402.

[1.2] *Boeckh/Altner:* "Geschmack und Geruch" in "Physiologie des
Menschen", Springerverlag, Berlin 1976

[1.3] *Sturm*: "Probleme der gezielten Riechstoffsynthese" in "Geruchs- und
Geschmackstoffe", Verlag Hans Carl, Nürnberg 1975

[1.4] *Kohler/Homans*: "Kombination von Ölfaktometer und
Flammenionisationsdetektor zur Bestimmung von
Geruchsschwellenwerten"
Staub-Rdl 40 (1980), S. 331...335.

[1.5] VDI 3881 ... 82: Olfaktometer

[1.6] *Kobelt*: "Untersuchung zum Entwicklungsstand der biologischen
Abluftreinigung"
Berlin und Merseburg 1987

1.7 Zusammenstellung der in Abschnitt 1 verwendeten Formelzeichen

GE   Geruchseinheit (dimensionslose Kennzahl)

V_p Volumen der geruchsbeladenen Probenluft

V_R Volumen der geruchslosen Reinluft

C_0 Konzentration des Geruchs im Probengas

C_s Geruchsschwellenkonzentration

η_c Wirkungsgrad, bezogen auf die Konzentration

η_{GE} Wirkungsgrad, bezogen auf die Geruchseinheiten

C   Konzentration

GE   Geruchseinheit

e   Eintritt

a   Austritt

2 Möglichkeiten und Grenzen biologischer Abluftreinigung

2.1 Konventionelle Möglichkeiten der Reinigung organisch belasteter Abluftströme

Die biologischen Abluftreinigungsverfahren konkurrieren bei der Abscheidung von organischen Luftschad- und Geruchsstoffen mit einer Vielzahl von bekannten Gasreinigungsverfahren, die durch ihr jeweiliges Wirkprinzip charakteristische Einsatzgrenzen aufweisen.
Hier soll zunächst ein Überblick über die gebräuchlichsten Techniken gegeben sowie ihre Stärken und Grenzen aufgezeigt werden.
In den folgenden Abschnitten wird der Schwerpunkt auf den Ausführungen zum Biofilter liegen, da der Verfasser hier auf eine langjährige Praxis bei Auslegung, Planung, Bau und Betrieb speziell von Flächenbiofiltern zurückblicken kann.

Dagegen stammen die Ausführungen zum Biowäscher und auch zum Biotropf-körper nicht aus eigener praktischer Tätigkeit und sind deshalb bewußt knapp gehalten.
Falls erforderlich, wird auf die vorhandene Literatur verwiesen.

2.1.1 Die thermische Abgasreinigung

Vom technischen Standpunkt aus ist es richtig, daß die Beseitigung organischer Schad- und/oder Geruchsstoffe auf thermischen Wege grundsätzlich möglich ist. Hierbei ist jedoch zu beachten, daß die entstehenden Verbrennungsprodukte nun nicht ihrerseits toxisch oder in anderer Weise schädigend oder belästigend sein dürfen.
Das wird nicht der Fall sein, solange die betreffenden Substanzen nur oder überwiegend Kohlenstoff, Wasserstoff und Sauerstoff enthalten, die dann zu Kohlendioxid (CO_2) und Wasser oxidiert werden [2.1, 2.2]
Man unterscheidet nach der Höhe der Verbrennungstemperatur und der auf der Wärmenutzung drei verschiedenen Verfahren:

2.1.1.1 Die Flammenverbrennung

... kann dann angewandt werden, wenn der Energiegehalt ausreichend ist, eine stabile Verbrennung ohne Zuführung von Stützenergie zu ermöglichen. Hierbei werden bei der Oxidation auf begrenztem Raum Temperaturen von 1200°C und mehr erreicht.

Eine häufige Anwendung der Flammenverbrennung findet sich bei den sogenannten Hochfackeln in der chemischen Industrie, insbesondere für Ab- oder
Anfahrprozesse. Hierbei erfolgt keine Nutzunig der entstehenden Verbrennungs-
wärme, woraus sich zwangsläufig eine Beschränkung des Verfahrens auf
diskontinuierliche, zeitlich begrenzte Anwendungsfälle ergibt. In verfahrenstech-
nischer Hinsicht lassen sich folgende Anlagetypen unterscheiden [2.3]:

- Freiflammenfackel
- Schirmfackel
- Muffelfackel

Während bei der Freiflammenfackel und der Schirmfackel die Verbrennungsluft
frei aus der Umgebung entnommen wird, erfolgt bei der Muffelfackel die
Luftzuführung zwangsläufig, z.B. durch einen Ventilator oder ein Gebläse.

2.1.1.2 Die Thermische Verbrennung

Dieses auch Thermische Nachverbrennung (TNV) genannte Verfahren wird für
Abgase angewendet, deren Energiegehalt für eine stabile Flammenverbrennung
nicht ausreicht. Die Verbrennung erfolgt mittels eines Zusatzbrennstoffes in einer geschlossenen Brennkammer bei Temperaturen von $750 - 900°C$
Ein weiterer Anwendungsfall liegt dann vor, wenn die Abgase zwar energiereich
sind, die Konzentration der Abluftinhaltsstoffe jedoch außerhalb deren Zünd-
grenze liegt, so daß meist nur für den Anfahrzustand der Einsatz von Zusatz-
energie (Stützflamme) erforderlich ist.

Bei Planung einer Thermischen Verbrennungsanlage muß (wie für jede Verbrennungsanlage) eine Untersuchung folgender Gesichtspunkte im Mittelpunkt der
Betrachtung stehen:

- Einsatz geeigneter Brennstoffe, um die Entstehung schädlicher Reaktionsprodukte (z.B. SO_2) zu vermeiden;
- Mögliche Entstehung von Stickoxiden (NO_x) bei Verbrennungstemperaturen
  oberhalb von $800°C$
- Untersuchung möglicher Reaktionsprodukte der Schadstoffverbrennung, die
  u.U. eine Nachbehandlung der Abgase erforderlich machen können.

Für die Abwärmenutzung gibt es folgende Varianten [2.3]:

- Vorwärmung von Abgasen und Verbrennungsluft mit anschließender Nutzung
  der Restwärme z.B. zur Erwärmung von Gebrauchswarmwasser
- Nutzung der gesamten Abwärme außerhalb der Anlage, z.B. zur Dampferzeu-
  gung oder zum Einsatz als Prozeßwärme

– Ausschließlich regenerative Nutzung zur Vorwärmung von Rohgas und Verbrennungsluft (im Gegensatz zu den beiden vorstehenden rekuperativen Varianten)

Der praktischen Anwendung des Verfahrens stehen bei großen Luftmengen oft die trotz einer Abgasvorwärmung und eventueller zusätzlicher Abwärmeverwertung sehr hohen Kosten für den Zusatzbrennstoff (Gas oder Öl) entgegen.

2.1.1.3 Die katalytische Verbrennung

Die katalytische Nachverbrennung (KNV) arbeitet mit erheblich niedrigeren Temperaturen als die thermische (300 bis 500°C) und liefert bei ordnungsgemäßem Betrieb auch vergleichbare Ergebnisse bei erheblich geringerem Energieverbrauch.
Die Oxidation der organischen Verbindungen erfolgt hierbei an Katalysatoren wie Palladium (Pd), Platin (Pt) oder Metall-Metalloxiden.
Daraus ergibt sich jedoch ein eingeschränktes Anwendungsspektrum:

In den meisten Abgasen sind wegen ihrer selbst nach Entstaubungsmaßnahmen meist noch vorhandenen (auch geringen) Staubbeladung sogenannte Katalysatorgifte vorhanden.
Das sind insbesondere Silizium (Si), Phosphor (P), Arsen (As) oder Schwefel (S), die zu Kontaktvergiftungen im Dauerbetrieb führen können.
Außerdem tritt im Laufe der Betriebsdauer eine Alterung des Katalysators auf, die einen Austausch erforderlich macht. [2.4]

2.1.2 Die physikalischen Verfahren

Hierunter sind in erster Linie Adsorptions- und Kondensationsverfahren zu verstehen, die ihre Anwendung in erster Linie bei der Wertstoffrückgewinnung haben. Nur hier sind recht erhebliche Aufwendungen für die Desorption bzw. die destillative Trennung, d.h. die entsprechenden Energiekosten durch das entstehende wiederverwertbare Produkt annähernd kompensierbar.

2.1.2.1 Adsorptionsverfahren

Das am meisten bekannte und verbreitete Verfahren ist die Lösemittelrückgewinnung mit Aktivkohleadsorbern insbesondere für Toluol (C_7H_8), aber auch für aliphatische Lösungsmittel mit geringem Sauerstoffanteil. [2.5]

Probleme bei der Aktivkohleadsorption können sich ergeben

– wenn die Abluft staubbeladen ist oder

– wenn z.B. Harzbildner im Abgas die Kapillaren des Adsorbers blockieren.

Außerdem können sich Schwierigkeiten bei der Entsorgung ergeben, da nicht mehr regenerierbare Aktivkohle als Sondermüll gilt.

2.1.2.2 Kondensation

Die Schadstoffabscheidung von kondensierbaren Stoffen erfolgt hier dadurch, daß das Abgas auf eine Temperatur unterhalb des Taupunktes abgekühlt wird. Hierbei fällt Kondensat aus, bis erneut die Sättigungskonzentration erreicht ist [2.2]
Man unterscheidet Kondensationsverfahren mit und ohne Kreislaufführung.
Rafflenbeul [2.7] sieht die Kondensation sinnvoller Weise als ein Teil komplexer Abluftreinigungssysteme. Als ausschließliches Verfahren scheitert es meist aus Betriebskostengründen.
In der praktischen Anwendung bei der Abluftreinigung treten auch systembedingte Schwierigkeiten auf:

– *Bräuer* [2.11] berichtet von Versuchen, durch Kühlung von Trockenabluft aus der Lackierung mit einer Beladung von 800 mg TOC/m^3 und einer Temperatur von 185°C zu Konzentrationsabsenkungen zu gelangen. Die Ergebnisse zeigten, daß oberhalb von 40°C kaum Konzentrationsabsenkungen zu verzeichnen waren und erst weit unterhalb 30°C eine deutliche Absenkung durch Kondensation nachweisbar war

– *Pfeiffer* [2.12] gibt an, daß die Schadstoffe und Geruchskomponenten in der fleisch- und fettverarbeitenden Industrie einen größten Anteil nicht kondensierbarer Gase enthalten und deshalb z.B. eine Reinigung von Brüden durch Kondensation verhindern.

2.1.3 Die Ozonisierung zur Geruchsbeseitigung

In der Vergangenheit haben eine ganze Reihe von Versuchen stattgefunden, Geruchsbelästigungen aus organischen Quellen mittels einer Ozonisierung der Abluft abzustellen. Diese haben jedoch meist unbefriedigende Ergebnisse gezeigt, wie an den beiden folgenden Beispielen demonstriert werden soll:

In den Niederlanden wurde Mitte der siebziger Jahre der Stalluft aus der Massentierhaltung Ozon in einer Konzentration unterhalb des MAK-Wertes zugesetzt [2.13] Dabei ergaben sich vor allem folgende Probleme:
– Es wurden sehr lange Kontaktzeiten zwischen den Geruchsstoffen und dem Ozon (O_3) benötigt, die technisch kaum zu realisieren waren.

– Eine gleichmäßige Verteilung des Ozons war, besonders bei natürlicher Lüftung, kaum zu erzielen.
– Ozon kann schon in niedrigen Konzentrationen schädlich sein und besitzt einen vom Arbeitspersonal als unangenehm empfundenen Eigengeruch.

Pfeiffer [2.12] berichtet über die Beimischung von Ozon zur Abluft in der fleisch- und fettverarbeitenden Industrie:

Die mit O_3 versetzte Abluft schien bei der Emission nahezu geruchsfrei. Es stellte sich jedoch heraus, daß die Ozonbehandlung die Geruchsstoffe nur überdeckt und nicht neutralisiert hatte.

Im Prozeß der Ausbreitung der Abluft fand wieder eine Entmischung statt, und in einer Entfernung von etwa 500 m von der Emissionsquelle traten trotzdem erhebliche Geruchsbelästigungen auf.

Aus neuerer Zeit sind aus den obengenannten Gründen keine Ozonisierungen von geruchsbelasteter Abluft mehr bekanntgeworden.

2.1.4 Die oxidierende Gaswäsche

Die Abgasreinigung durch oxidierende Gaswäsche stellt ein Absorptionsverfahren dar, bei dem

– physikalische und chemische Absorptionvorgänge
– Oxidationsprozesse
– Kondensation und
– evtl. Partikel- und Aerosolabscheidung
parallel ablaufen [2.8]

Als Oxidationsmittel kommen z.B. folgende Stoffe zum Einsatz:

– aktiver Sauerstoff (O_2), Ozon (O_3) oder Wasserstoffperoxid (H_2O_2)
– Kaliumpermanganat ($KMnO_4$)
– Chlorverbindungen wie Chlor (Cl_2), Chlordioxid (ClO_2) oder Hypochlorit (OCl^-)

Das Verfahren wird in Gaswäschern wie Füllkörper-, Sprühturm- oder Rotationswäschern meist im Gegenstrom durchgeführt, dem eine wirksame Tropfenabscheidung nachzuschalten ist.

Um die jeweilige Waschflüssigkeit im Kreislauf fahren zu können, ist ein erheblicher appartiver Aufwand erforderlich, der jedoch das Auftreten von stark verschmutztem Abwasser auch nicht völlig verhindern kann.

Die Zahl der verschiedenen Verfahren der oxidierenden Gaswäsche ist groß, alle sind jedoch unter zwei Gesichtspunkten als problematisch zu betrachten:

- Es besteht immer die Gefahr der Austragung gasförmiger Oxidationsmittel wie z.B. Cl, Cl O_2 oder O_3, wodurch zusätzliche Emissionsbelastungen für die Umwelt entstehen
- Bei chemischen Wäschern muß man in kauf nehmen, daß hochverschmutzte Abwässer erzeugt werden und damit ein Abluftproblem zu einem Abwasserproblem gemacht wird.

Pfeiffer [2.12] hat die Abwässer von mehrstufigen Wäschern in der Fleisch- und Fettverarbeitung untersucht und dabei BSB_5-Werte bis zu 40 g/l sowie CSB-Konzentrationen von 60 g/l gefunden.

Außerdem stellt der nicht unerhebliche Chemikalienverbrauch einen bedeutenden Kostenfaktor dar.

2.1.5 Abgasreinigung durch energetische Prozesse

Neben den klassischen lösemittelverbrennenden Prozessen der thermischen Abgasreinigung wie Flammenverbrennung, TNV und KNV wurden in den letzten Jahren eine ganze Reihe energetischer Anlagen realisiert, bei denen der Energiegehalt der Rohluft in energetischen Prozessen wie
- hybrid betriebene Kraft-Wärme-Kopplung
- Abgasnachverbrennungsturbinen
- motorisch betriebene Kraft-Wärme-Kopplung
genutzt wird.

Über ausführliche Anlagen speziell in der Druckindustrie berichtet *Rafflenbeul* [2.7], jedoch dürfte der Einsatz dieser Verfahren nur in Zusammenhang mit der Errichtung oder Erweiterung sowieso geplanter derartiger Energieanlagen sinnvoll und wirtschaftlich durchführbar sein.

2.2 Die biologische Abluftreinigung - eine echte Alternative

Da es sich bei den betrachteten Schad- und/oder Geruchsstoffen überwiegend um komplexe organische Verbindungen (d.i. Kohlenwasserstoffe) handelt, die sich in wäßriger Phase biologisch abbauen lassen, bietet sich die biologische Abluftreinigung als eine echte Alternative zu den vorstehend beschriebenen konventionellen Luftreinigungen an.

Nach dem seit Ende des 19. Jahrhunderts Abwasserinhaltsstoffe mit großem Erfolg biologisch abgebaut werden, kombiniert man diese Technik nun mit dem Abluftreinigungsprozeß der Absorption, um die Schad- und Geruchsstoffe in die wäßrige Phase zu überführen und damit dem biologischen Abbau zugänglich zu machen.

2.2.1 Anwendungskriterien

Was sind nun die Voraussetzungen für den Einsatz eines biologischen Abluft-reinigungsverfahrens? Sie ergeben sich im wesentlichen aus den obengenannten Verfahrensschritten:

- Die luftfremden Stoffe müssen in ausreichendem Umfang durch Sorptionspro-zesse in die wäßrige Phase überführt werden können.
- Die Substanzen müssen biologisch abbaubar sein, d.h. sie müssen von Mikroorganismen z.B. als Kohlenstoffquelle genutzt werden können; sie dürfen nicht toxisch wirken.
- Weder die Abbau- noch irgendwelche Zwischenprodukte dürfen den biologi-schen Prozeß (z.B. durch pH-Wert-Änderung) negativ beeinflussen.
- Die mittlere Schadstoffkonzentration sollte sich je nach Art und Zusammenset-zung etwa in den Grenzen von $0,3...2 g/Nm^3$ Abluft bewegen, wobei bei einigen Stoffen und besonders bei Biowäschern auch höhere Konzentrationen möglich sind.

Nicht zu empfehlen ist die biologische Abluftreinigung [2.15]

- bei hohen Schadstoffbelastungen (oberhalb von $5 g/Nm^3$)
- bei hohem Anteil von CKW (mehr als etwa 15%)
- für den Abbau von FCKW,

obwohl für letztere Fälle bereits Erfolgsberichte vorliegen (z.B. [2.16])

2.2.2 Kostenvergleiche verschiedener Anlagenarten

Kostenvergleiche der einzelnen Anlagenarten sind ohne die genaue Kenntnis aller Gegebenheiten des konkreten Einsatzfalles immer problematisch.
Als Anhaltswerte können die nachstehenden Vergleichszahlen, die auf der Grundlage von Angaben verschiedener Hersteller und Anlagenbauer ermittelt wurden, gesehen werden.

Tabelle 2-1: Kostenvergleich verschiedener Anlagenarten

Anlagenart	Investkosten	Betriebskosten
Thermische Nachverbrennung	1,0	1,0
Katalytische Nachverbrennung	1,15	0,85 - 0,9
Aktivkohleadsorption	0,4	0,8
Waschverfahren	0,6	0,6
Biowäscher	0,55	0,25 - 0,3
Biofilter	0,5	0,20 - 0,25

Etwas abweichend davon gibt *Golibrzuch* in [2.10] bei der Untersuchung der Wirtschaftlichkeit thermischer Abluftreinigungsanlagen folgenden Invest-kostenvergleich für Abgasvolumenströme zwischen 10 000 und 60 000 m^3/h:

Tabelle 2-2: Investitionskostenvergleich

Anlagenart	Anlagenkosten in Mio DM
KNV - Anlage	0,7 ... 2,6
TNV - Anlage	0,7 ... 2,5
RNV - Anlage	1,0 ... 2,4
TNV - Kompaktgeräte	
Bio - Etagenfilter	0,3 ... 1,2
Bio - Flächenfilter	0,25 ... 0,6

Nach Erfahrungen des Verfassers sind die Abweichungen von der ersten Tabelle nicht realistisch, da z.B. die spezifischen Anlagekosten für eine moderne abgedeckte Bioflächenfilteranlage mit entsprechender MSR-Technik heute je nach Größe zwischen 18 und 30 DM je 1000 m^3/h Abluftleistung liegen. Auch die Kosten für thermische Anlagen sind speziell im Bereich kleinerer Abluftleistungen eindeutig zu gering angegeben.

2.3 Literaturverzeichnis zum Abschnitt 2

[2.1] VDI 2442 - Abgasreinigung durch thermische Verbrennung

[2.2] VDI E 2280 - Emissionsminderung: Flüchtige organische Verbindungen insbesondere Lösemittel

[2.8] VDI 2443 - Abgasreinigung durch oxidierende Gaswäsche

[2.7] *Raffenbeul*: "Die Reinigung von Lösemittelhaltiger Abluft", Hochheim 1992

[2.3] *Seifert* et al: "Verfahrenstechnische Lösungen bei der thermischen Abgasreinigung" VDI-Bericht 1034, Düsseldorf 1993

[2.4] VDI 3476 - Katalytische Verfahren der Abgasreinigung

[2.5] VDI 3674 - Abgasreinigung durch Adsorption - Oberflächenreaktion und heterogene Analyse

[2.6] *Vauck/Müller*: "Grundoperationen chemischer Verfahrenstechnik" Leipzig/Weinheim 1988

[2.9] *Menig/Krill*: "Oxidierende Gaswäsche" VDI-Bericht 1034, Düsseldorf 1993

[2.10] *Golibrzuch*: Thermische Verfahren der Abgasreinigung VDI-Bericht 1034, Düsseldorf 1963

[2.11] *Bräuer*: "Minderung der Geruchstoff-Emission aus Lackierbetrieben durch adsorptive Reinigung" VDI-Bericht 416, Düsseldorf 1975

[2.12] *Pfeiffer*: "Erfahrungen mit Geruchsbeseitigungsanlagen in der fleischmehl- und fetterzeugenden Industrie" VDI-Bericht 416, Düsseldorf 1981

[2.13] *Jonerbreuer/van Geelen*: "Technische Möglichkeiten zur Abhilfe von Geruchsbelästigungen" VDI-Bericht 226, Düsseldorf 1975

[2.14] *Kobelt*: "Biologische Abluftreinigung - ihre Möglichkeiten und ihre
Grenzen"
Der Siebdruck 38 (1992), Heft 9, S 62...65

[2.15] *Kobelt*: "Der Einsatz von Biofiltern in der Praxis"
Entsorgungspraxis 3/93

[2.16] *Janssen* et al.: "Feasibility of specialized microbial cultures for the
removal of Xenobiotic".
Dechema, Heidelberg 1987

[2.17] *Dietz/Müller*:"Methoden zur Verminderung gasförmiger
Emissionen"
Merseburg und Dresden 1986

3 Die prozeßtechnischen Grundlagen der biologischen Abluftreinigung

Die biologische Abluftreinigung läßt sich in zwei Teilschritte zerlegen:

- Da der biologische Abbau immer in der wäßrigen Phase abläuft, müssen die aus der Abluft zu entfernenden Schadstoffe zunächst durch einen Absorptionsprozeß an die Flüssigkeit übertragen werden.
- Danach wandeln die im Wasser befindlichen Mikroorganismen unter Sauerstoffverbrauch die absorbierten Substanzen in Zellsubstanz und unschädliche Endprodukte wie CO_2 und H_2O um und regenerieren damit gleichzeitig die Flüssigkeit

Für die Führung des Abluftreinigungsprozesses bieten sich zwei Möglichkeiten an:

- die mit auf einem biologisch aktiven Feststoffbett fixierten Bakterien arbeitenden Biofilter und Tropfkörper, bei denen die Durchführung der beiden Teilschritte am gleichen Ort, d.i. im gleichen Gerät erfolgt und
- die Trennung von Absorption und Regeneration des Waschwassers in 2 Anlagenteilen als Biowäscher und gesondertem Bioreaktor (z.B. Belebtschlammbecken mit suspendierten Bakterien).

Im folgenden sollen beide Verfahren getrennt betrachtet und ihre verfahrenstechnischen Grundlagen aufgezeigt werden.

3.1 Die verfahrenstechnischen Grundlagen der Biofiltration

Zur Erreichung maximaler Ergebnisse bei der biologischen Abluftreinigung müssen bei der Auslegung entsprechender Anlagen sowohl alle physikalischen Zusammenhänge wie Stofftransport, Löslichkeiten u.s.w. als auch die Verhältnisse enzymgesteuerter Reaktionen Berücksichtigung finden.
Nach *Ottengraf* [3.8] unterscheidet man

- die Mikrokinetik, die alles umfaßt, was Einfluß auf die Reaktionsgeschwindigkeit der biologischen Oxidation hat, wie Temperatur, pH-Wert, Substrat- und Sauerstoffversorgung
- die Makrokinetik, die die Zusammenhänge zwischen Stofftransport und Reaktion behandelt, d.h. die eigentliche Verfahrenstechnik.

3.1.1 Biologische Oxidation der Schadstoffe (Mikrokinetik)

3.1.1.1 Bruttoumsatzgleichung und Zeitgesetz

– Der biologische Abbau organischer Schadstoffe erfolgt nach folgender Bruttoumsatzgleichung:

$$\text{Schadstoff (A)} + O_2 \xrightarrow{\text{Bakterien}} \text{Zwischenprodukte} \qquad (3.1)$$

$$\text{Zwischenprodukte} \xrightarrow{\text{Bakterien}} \text{Zellsubstanz} + \text{Produkte } (CO_2, H_2O) + \text{Energie}$$

– Wenn nun ein *Michaelis-Menten*-Ansatz als Zeitgesetz für kleine Schadstoffkonzentrationen angenommen wird [3.2], so gilt für die Reaktionsgeschwindigkeit der Komponente A:

$$r_A = \frac{dc_A^{\,\circ}}{dt} = K \, \frac{C_A}{K_M + C_A} \, X \qquad (3.2)$$

und wegen $C_A \ll K_M$ (geringe Schadstoffkonzentration) wird dann:

$$r_A = \frac{K}{K_M} \, C_A \qquad (3.3)$$

d.h. die Reaktionsgeschwindigkeit ist proportional der Schadstoffkonzentration C_A, es handelt sich um eine Reaktion 1. Ordnung bezüglich des Stoffes A.

3.1.1.2 Temperaturabhängigkeit der Reaktionsgeschwindigkeit

Während die *Michaelis*-Konstante K_M [g/l] ein fester Stoffwert ist, besteht beim Reaktionsgeschwindigkeitskoeffizienten K [s⁻¹] noch eine Temperaturabhängigkeit. Für den Geschwindigkeitskoeffizienten kann wegen des relativ begrenzten Temperaturbereiches des Prozesses die *Arrhenius*'sche Beziehung

$$K = Ko \; \exp\left(-\frac{E}{RT}\right) \qquad\qquad (3.4)$$

angenommen werden kann, wobei die Aktivierungsenergie E für biologische Abbauprozesse etwa 50...75 kJ/Mol beträgt [3.8].

3.1.1.3 Reingaskonzentration

– Wenn nun die Gültigkeit des *Henry*schen Gesetzes vorausgesetzt wird, so enthält man durch Integration unter Zugrundelegung eines Turbularreaktors (Strömungsrohr) als Modell in Grenzen X= O...H (Filterschichthöhe) die erreichbare Reinigungskonzentration nach *Gust* [3.2] wie folgt:

$$C_{rein} = C_{roh} \; \exp\left(-\frac{K_{Bio} \cdot H}{w}\right) \qquad\qquad (3.5)$$

mit w als mittlere Geschwindigkeit in der Filterschicht.

– Hierin ist die Geschwindigkeitskonstante K_{Bio} derzeit nur experimentell ermittelbar, sie beträgt für ausgeführte Anlagen

$$K_{Bio} \quad 2{,}5 \cdot 10^{-2} \; ... \; 2 \cdot 10^{-1} \; [s^{-1}] \qquad\qquad (3.6)$$

– Wie in Gleichung (3.5) leicht erkennbar, ist also die erreichbare Reingaskonzentration neben der Art und Konzentration der abzubauenden Stoffe stark von der Gasgeschwindigkeit und der Schütthöhe des Filters und damit von der Verweilzeit des Gases abhängig.

3.1.2 Der Stofftransport (Makrokinetik)

Vor der biologischen Oxidation der Schadstoffe steht als erster Verfahrensschritt die Absorption des Schadstoffes aus dem im Lückenvolumen des Filtermaterials strömenden Abgases an die wässrige Phase.

3.1.2.1 Theorien zum Stofftransport Gas/Flüssigkeit/Zelle

Allgemein gilt, daß der Stofffluß j_A [g · m^{-2} · s^{-1}] einer Komponente A in der Flüssigkeit der Differenz zwischen der Kernkonzentration $C_A{}^\circ$ und der Grenzflächenkonzentration C_A^* proportional ist, wobei als Prozeßkonstante der Stoff-übergangskoeffizient K eingeführt wird [3.5]

$$j_i = K_i (C_A^* - C_A^\circ) \tag{3.7}$$

Für die Gasphase gilt analog mti den entsprechenden Partialdrücken

$$j_g = K_g (P_A^\circ - P_A^*), \tag{3.8}$$

wobei beim Gleichgewichtszustand an der Phasengrenze das *Henry*'sche Gesetz

$$p_A = H_A\, C_A^*$$

gilt.

Im Sinne der erweiterten Filmtheorie wird der Transport des Schadstoffes aus der strömenden Gasphase in das Innere der Zelle als 7-stufiger Transportprozeß (u.a. von *Brauer/Sucker* in [3.6]) beschrieben:

- Konvektiver Transport vom Kern der Gasphase zur gasseitigen Grenzschicht
- Diffusion durch die gasseitige Grenzschicht
- Absorption und Diffusion durch die flüssigkeitsseitige Grenzschicht
- Konvektiver Transport von der Grenzschicht zum Kern der flüssigen Phase
- Diffusion durch die flüssigkeitsseitige Grenzschicht der Zelle
- Adsorption an die Zelle und Transport durch die Zellmembran (Elimination)
- Transport innerhalb der Zelle zum aktiven Zentrum und biochemische
  Reaktion (Abbau)

Dieser Vorgang ist in Bild 3-1 dargestellt, die Zahlen bedeuten:

1 Gasblasenkern
2 Gasfilm (Grenzschicht a)
3 Flüssigkeitsfilm an der Grenzfläche zur Gasphase
4 Flüssigkeitskern
5 Flüssigkeitsfilm an der Grenzfläche zur Feststoffphase (as)
6 Zellmembran
7 Bakterienzelle

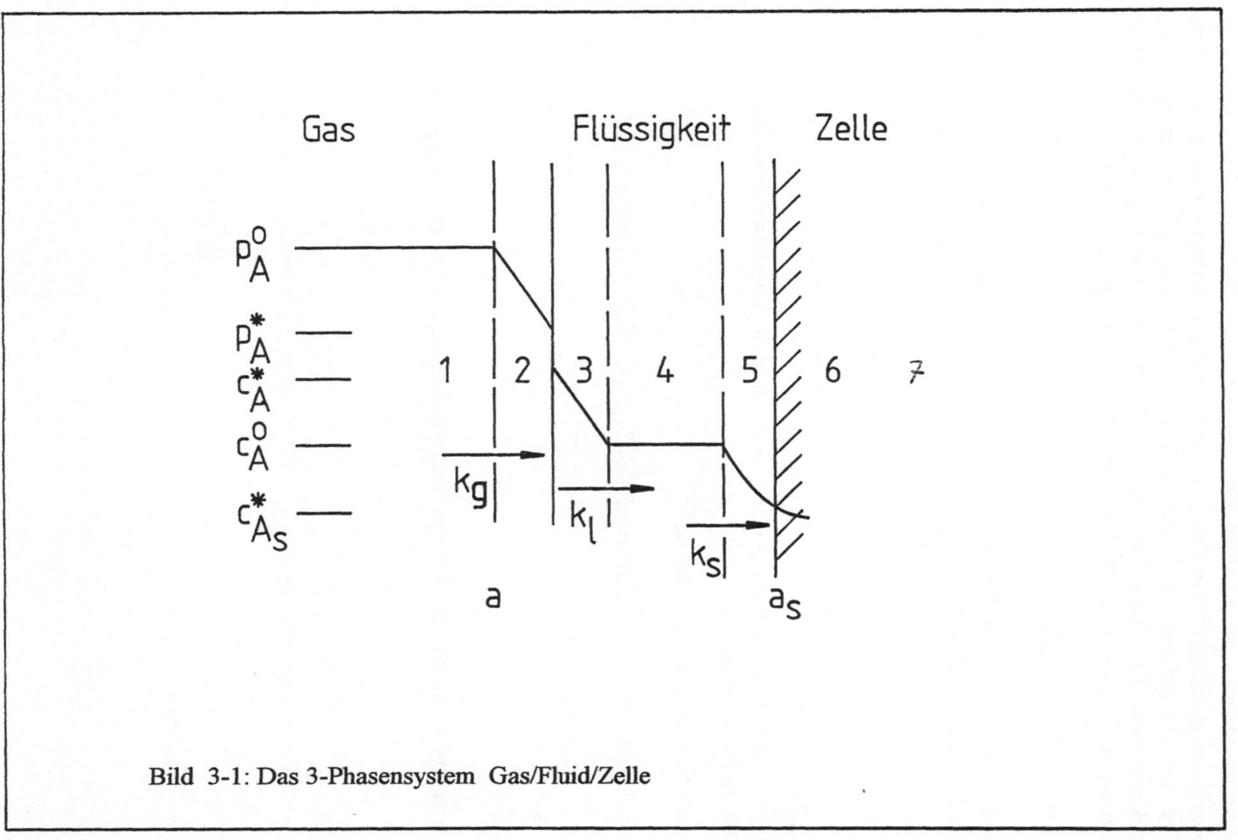

Bild 3-1: Das 3-Phasensystem Gas/Fluid/Zelle

3.1.2.2 Abschätzung der geschwindigkeitsbestimmenden Schritte in der Makrokinetik

Welcher der im vorigen Abschnitt beschriebenen Schritte im Transportprozeß geschwindigkeitsbestimmend ist, soll im folgenden untersucht werden:

Aus den Gleichungen (3.7) und (3.8) für die Stoffstromdichte j in der Flüssigkeits- bzw. der Gasphase und der Gleichgewichtsbedingung für die Phasengrenze (3.9) läßt sich der Stoffstrom an der Phasengrenze beschreiben

$$j_A = K^* \, (C_{Ag}^{\,\circ} - C_A^{\,\circ}), \tag{3.10}$$

worin $C_{Ag}^{\,\circ}$ die Konzentration von A im Kern der Gasphase darstellt, der nach der *Henry*'schen Beziehung

$$C_{Ag}^{\,\circ} = \frac{P_A^{\,\circ}}{H_A}$$

ermittelt wurde.

Man kann nun zu Gleichung (3.10) eine Analogie zum Ohmschen Gesetz herstellen, in dem man

– den Stoffstrom j als Stromstärke I,

– das treibende Konzentrationsgefälle $(C_{Ag}^{\,\circ} - C_A^{\,\circ})$ als Spannung U und

– $\dfrac{1}{K^*}$ als Widerstand R

auffaßt.

Dann ergibt sich für den Stoffübergangskoeffizienten K^* an der Phasengrenze

$$\frac{1}{K^*} = \frac{1}{K_i} + \frac{1}{H_i \cdot K_g} \tag{3.11}$$

Eine Abschätzung von *Litzenburger* [3.10] zeigt, daß wegen

$$\frac{1}{K_c} \gg \frac{1}{H_A \cdot K_g} \tag{3.12}$$

der Widerstand hauptsächlich auf der Flüssigkeitsseite liegt und damit Gleichung
(3.10) damit zu

$$jA = K_L \; (C_A{}^\circ - C_A{}^\circ) \qquad\qquad (3.13)$$

vereinfacht werden kann.

Wenn man davon ausgeht daß

- der Transportwiderstand beim konvektiven Transport in der Gas- und Flüssigkeitsphase (Schritt 1 und 4) durch hinreichende große Turbulenz
  vernachlässigt werden kann,
- die Transportvorgänge in die und innerhalb der Bakterienzelle (Schritt 6 und 7)
  im Zeitgesetz nach *Michaelis-Menten* berücksichtigt werden und
- eine gleichmäßige Verteilung der Bakterienzellen in der flüssigen Phase
  vorliegt, d.h. Schritt 5 ungestört verläuft,

so basiert die mathematische Beschreibung des Stofftransportes auf der Annah-
me, daß die Diffusion durch die flüssigkeitsseitige Grenzschicht der geschwin-
digkeitsbestimmende Schritt der Makrokinetik ist.

Neben der den vorstehenden Ausführungen zu Grunde gelegten Zweifilmtheorie
(A) nach *Lewis* und *Whitemann* (s. u.a. [3.7], S. 57 1f.) haben weitere Autoren
andere Modelle eingeführt, die von z.T. abweichenden Annahmen bzw.
Randbedingungen ausgehen, z.B.

- die Eindring- oder Penetrationstheorie (B) nach *Higbie* (in: Trans. Am. Inst.
  Chem. Engrs. 35 (1935) S.365), der postuliert, daß durch Turbulenz in beiden
  Phasen an den Grenzschichten kein stationärer Konzentrationsverlauf existiert,

- die verallgemeinerte Eindringungstheorie (C) nach *Toor/Marchello* (in: AT
  Che-Journ. (1958) S.98), die einen Kompromiß zwischen Film- und Ein-
  dringtheorie darstellt.

Ein Vergleich dieser Theorien ist in Bild 3-2 durchgeführt, das den Stofffluß j als
Funktion einer dimensionslosen Verweilzeit $(D \cdot t)^{1/2}$ zeigt.

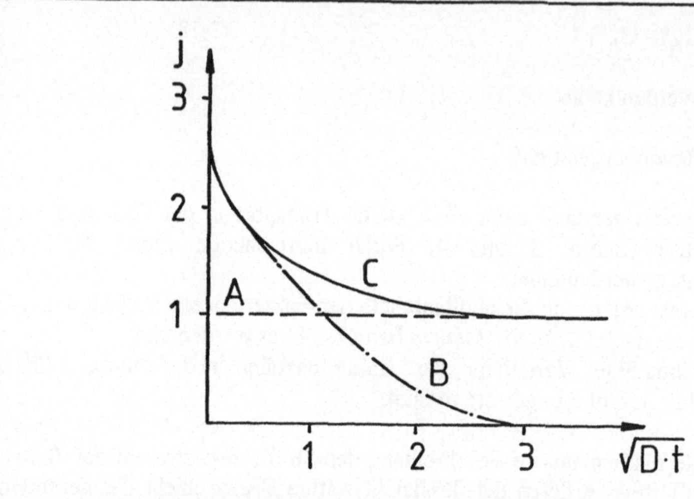

Bild 3-2: Vergleich der Stoffübergangstheorien

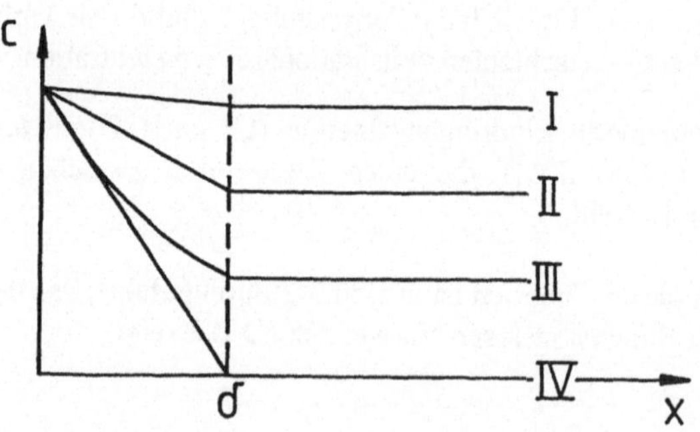

Bild 3-3: Der Einfluß der biochemischen Reaktion

3.1.3 Der Einfluß der biochemischen Reaktion auf den Konzentrations- verlauf

Die Geschwindigkeitsbetrachtungen im vorhergehenden Abschnitt sind von einem stationären Abbauprozeß ausgegangen, der mit dem Stoffübergangsprozeß synchron erfolgt. Jedoch hat die biologische Aktivität der Bakterienzelle erheblichen Einfluß auf den Konzentrationsverlauf in der Flüssigkeitsphase, d.h. in Grenzschicht und Kern. Mögliche Einflüsse sind in Bild 3-3 dargstellt.

I   = Gleichgewichtszustand (in Übereinstimmung mit der Filmtheorie)

II   = Erhöhung der Absorptionsgeschwindigkeit durch Herabsetzung der Kernkonzentration $C_A°$, womit die treibende Konzentrationsdifferenz $(C_A*-C_A°)$ steigt. Der Konzentrationsgradient an der Phasengrenze wird steiler, der Stofftransportkoeffizient K_l bleibt aber noch unverändert, d.h. linearer Konzentrationsverlauf C (x)

III   = Es kommt schon in der Grenzschicht zu merklichen Reaktionen, der Konzentrationsverlauf C (x) ist nicht mehr linear

IV   = Grenzfall $C_A=O$, als reiner Diffusionsbereich bezeichnet.

3.2 Die verfahrenstechnischen Grundlagen des Biowäschers

Während, wie beschrieben, im Biofilter beide Teilschritte des biologischen Abgasreinigungsprozesses am gleichen Ort, d.h. auf der Oberfläche des Filtermaterials stattfinden, sind sie beim Biowäscher örtlich und oft auch apparativ getrennt:

- Während die Absorption der Luftinhaltsstoffe in der Waschflüssigkeit in einem Waschturm o.ä. erfolgt,
- wird die Regeneration der Waschflüssigkeit in einem Bioreaktor (z.B. einem Belebtschlammbecken) durchgeführt.

Es gibt aber auch kombinierte Bauarten, bei denen der mikrobielle Abbau im Sumpf des Absorbers erfolgt.

3.2.1 Verfahrensbeschreibung

Biowäscher-Anlagen sind ihrem Aufbau nach wesentlich aufwendiger als Biofilter oder Tropfkörper. Im folgenden soll der Ablauf des Verfahrens in seinen Teilschritten beschrieben werden:

– Die geruchs- und/oder schadstoffbeladene Abluft tritt (i.a. von unten nach oben) in den Absorber ein.

– Die Waschflüssigkeit (i.a. Wasser) wird meist im Gegenstrom dazu geführt und nimmt dabei aus der Abluft Schadstoffe und Sauerstoff auf.

– Die gereinigte Abluft wird aus dem Absorber an die Atmosphäre abgegeben, während das mit Schadstoffen beladene Wasser zur Reinigung zum Bioreaktor geführt wird.

– Im Bioreaktor erfolgt der mikrobielle Abbau der Schadstoffe, wobei im allgemeinen durch Belüftung dem Prozeß zusätzlich Sauerstoff zugeführt wird, da der im Absorber aufgenommene Luftsauerstoff oft nicht ausreichend für die biologische Oxidation der Substanzen ist.

– Das im Bioreaktor entstehende CO_2 wird mit der Entlüftung ausgetragen, das gereinigte Wasser einem Sedimentationsgefäß zugeführt.

– Im Sedimentationsgefäß werden die im Wasser schwebenden Bakterienflocken abgeschieden und das Wasser wieder dem Absorber als Waschflüssigkeit zugeführt.

– Die im Sedimentationsgefäß abgeschiedene Biomasse wird in den Bioreaktor zurückgeführt, eventuell entstehender Überschuß aus dem Prozeß ausgetragen.

Im folgenden soll auf die einzelnen Teilschritte und ihre technische Realisierung näher eingegangen werden und die dabei ablaufenden Vorgänge untersucht bzw. dargestellt werden.

3.2.2 Absorption und biologischer Abbau

Die im Abschnitt 3.1 aufgezeigten Transport- und Abbauprozesse laufen ebenso wie bei der Biofiltration auch bei der Biowäsche ab, d.h. der Weg des Schadstoffs aus der Gasphase bis ins Innere der Mikroorganismen verläuft wie dort beschrieben. Der grundsätzliche Unterschied besteht nun darin, daß die einzelnen Teilabschnitte dieses Vorgangs im Wäscher nicht wie beim Filter an einem und demselben Ort, sondern in verschiedenen Apparaten realisiert werden.

3.2.2.1 Der Stoffaustausch im Waschturm

Der Absorber stellt ein wesentliches Element der Biowäscheranlage dar. Der Stoffaustausch kann durch seine konstruktive Gestaltung bereits entscheidend beeinflußt werden, da diese maßgebend für die den Absorptionsvorgang mitbestimmende Phasengrenzfläche zwischen Gas und Flüssigkeit ist.

In der Praxis werden z.B. Füllkörper- und Gasblasenwäscher, Bodenkolonnen sowie Düsen- und Rotationswäscher verwendet, wobei eine eindeutige Orientierung auf einen bestimmten Typ bisher nicht erkennbar ist.

Beim Absorptionsvorgang wird die Abluft (als Trägergas) und die in ihr enthaltenen Schadstoffe (als Absorptiv) mit der Waschflüssigkeit (als Absorbens) kontaktiert, wobei sich der Schadstoff in der Waschflüssigkeit löst.

Aus einer Abluftmenge V mit der Schadstoffkonzentration C_{roh} wird mit der Waschflüssigkeit U und der Schadstoffkonzentration C_1° Schadstoff ausgewaschen. Dabei steigt die Konzentration in der Flüssigkeit von C_1° auf C_2° während sie im Abluftstrom von C_{roh} auf C_{rein} sinkt:

$$V \cdot C_{roh} + U \cdot C_1^{\circ} = U \cdot C_2^{\circ} + V \cdot C_{rein} \qquad (3.14)$$

Durch Umformung dieser Bilanzgleichung und Zusammenfassung des Absolutgliedes - $C_1^{\circ} \cdot U/V \cdot + C_{rein}$ zu einer Konstanten A erhält man die Gleichung der Bilanz- oder Arbeitsgeraden

$$C_{roh} = \frac{U}{V} \cdot C_2^{\circ} + A \qquad (3.15)$$

deren Steigerung durch die sogenannte Wasser-Luft-Zahl bestimmt wird. Hierin stellt C_{roh} die Abluftbeladung (mg TOC/m³), C_2° die Abwasserbeladung (mg TOC/l), U den Waschwasserdurchsatz (l/h) und V den Abluftstrom dar, während die Konstante A den Abluftstrom, die Reingaskonzentration C_{rein} und eine mögliche Grundlast der Waschflüssigkeit berücksichtigt.

Das Phasengleichgewicht, d.h. die Gleichgewichtsverteilung einer Substanz zwischen Gas- und Flüssigkeitsphase beschreibt im niederen Konzentrationsbereich die *Henry'*sche Beziehung (s.a. 3.1.2.1)

$$P^* = H \cdot C^* \qquad (3.16)$$

Danach ist der gelöste Anteil des Schadstoffes proportional dessen Partialdruck in der Gasphase. Im für die Auslegung von Biowäscher interessanten Temperatur- und Konzentrationsbereich kann die *Henry*-Konstante als nur von der Temperatur abhängig betrachtet werden.

Mit der Kenntnis der Gleichgewichtsbedingung läßt sich nun m.H. der Arbeitsgeraden eine Berechnung des Absorbers durchführen, die erforderlichen Berechnungsformeln sind der einschlägigen Fachliteratur zu entnehmen (z.B. [3.5,3.7]).

Bei der biologischen Abluftreinigung ergeben sich in der praktischen Auslegung von Biowäschern jedoch einige Schwierigkeiten:

Die o.a. Berechnungsmethode setzt die genaue Kenntnis der Gleichgewichtslinie voraus.

Dies ist bei den meisten Anwendungsfällen jedoch problematisch, weil

- es sich überwiegend um Mehrfach- und Vielkomponentensysteme handelt, bei denen eine experimentelle Bestimmung notwendig ist und

– diese wiederum eine nach Art und Konzentration konstante Abluft erfordert, was in der Praxis in den seltensten Fällen gegeben ist.

Kohler [3.11] gibt zu bedenken, daß bei Dimensionierung von Absorbern nach der o.a. Methode das Risiko groß ist, daß die Anlage bei wechselnden Abluftzusammensetzungen nicht funktioniert.
Er schlägt deshalb vor, die schadstoffbelade Abluft in einem beliebigen Absorber zu behandeln und dabei die Luftmenge V, den Waschflüssigkeitsstrom U sowie den Systemdruck und die -temperatur zu fixieren.
Dabei sollen Roh- und Reingaskonzentrationen mit FID kontinuierlich und registriert werden und parallel dazu olfaktometrische Messungen durchgeführt werden.

Zur Auswertung dieser Meßergebnisse schlägt *Kohler* folgenden Ansatz vor:

– Aus der Modefizierung der Gleichung (3.15) der Arbeitslinie und der Gleichgewichtsbeziehung entwickelt er die gasseitige Input-Output-Analyse eines einstufigen Absorbers zu

$$C_{rein} = \frac{VK}{U} \cdot C_{roh} - A \, \frac{VK}{U} \tag{3.17}$$

– für n theoretische Stufen folgt dann

$$C_{rein} = (\frac{VK}{U})^n \cdot C_{roh} - A(\frac{VK}{U})^n - (\frac{VK}{U})^{n-1} \ldots - \frac{VK}{U} \tag{3.18}$$

– für $- A (\frac{VK}{U})^n - (\frac{VK}{U})^{n-1} \ldots = a$ und $(\frac{VK}{U})^n = b$

ergibt sich die Gleichung

$$C_{rein} = (a + b) \, C_{roh}, \tag{3.19}$$

mit der sich das Absorptionsverhalten jedes beliebigen Wäschers ohne Kenntnis der theoretischen Gleichgewichtsstufen durch eine Linearregression ermitteln läßt.
Mit diesem Ansatz läßt sich auch ein weiteres Problem anschaulich darstellen:

Beim Anstieg der Waschwasserkonzentration (z.B. durch nicht funktionierende Regeneration) sinkt die Reinigungsleistung und die Reingaskonzentration steigt an. Setzt man nun in Gleichung $C_{rein} = C_{roh}$, d.h. die Reinigungsleistung gleich Null, so läßt sich diese Grenzkonzentration C° im Wasser ermitteln:

$$C^\circ = \frac{a}{1-b} \qquad (16)$$

Das ist die Konzentration, bei der bei abnehmender Rohgaskonzentration der Übergang von Absorption zur Desorption eintritt.

3.2.2.2 Die Regeneration der Waschflüssigkeit

Wir sind davon ausgegangen, daß im Waschturm lediglich eine Absorption der Schadstoffe stattfindet und der mikrobielle Abbau und damit die Regeneration der Waschflüssigkeit in einem gesonderten Bioreaktor erfolgt. Deshalb werden wir diesen Abbauprozeß unabhängig vom Absorptionsvorgang im Waschturm behandeln.

– Für einfache biologische Vorgänge kann der sogenannte *Michaelis-Menten*-Mechanismus zur Beschreibung herangezogen werden:

$$E + S \underset{\overset{\longrightarrow}{K_2}}{\overset{K_1}{\longleftarrow}} ES \qquad (3.20)$$

$$ES \overset{K_3}{\rightarrow} P + E \qquad (3.21)$$

und als Bruttoreaktion:

$$S \rightarrow P \qquad (3.22)$$

Hierbei bedeuten

E = Enzym, Biokatalysator
S = Substrat, Schadstoff
ES = Zwischenprodukte, Enzymkomplex
P = Produkt

– Das Zeitgesetz nach *Michaelis-Menten* zeigt für sehr kleine Schadstoffkonzentrationen, daß die Abbaugeschwindigkeit c_f der Konzentration C direkt proportional ist (s.a. 3.1.1.1)

$$r_A = K \cdot C_A \qquad (3.23)$$

– Für die Dimensionierung des Bioreaktors ist nun die Art der Durchströmung und der Konzentrationsprofile im Apparat maßgebend:

• für einen gleichmäßigen stationär, mit der Geschwindigkeit w durchströmten Behälter der Länge L gilt:

$$- w \; \frac{d_{C_A}}{d_x} \; = \; K \; \cdot \; C_A \tag{3.24}$$

und nach Integration von C_{A1} bis C_{A2} und O bis L':

$$C_{A2} \; = \; C_{A1} \; \exp \; (- \frac{K \cdot L}{w}) \tag{3.25}$$

so daß bei vorgegebenen Konzentrationen und einem aus Pilotversuchen bekannten Reaktionsgeschwindigkeitskoeffizienten K die geometrischen Abmessungen des Apparates bestimmt werden können (Modell: Turbularreaktor)

• wird die Sauerstoffversorgung der Mikroorganismen durch Einblasen von Luft in den Bioreaktor vorgenommen, so entspricht wegen der Durchmischung der Konzentration im Behälter praktisch der Austrittskonzentration, C_{A2} d.h. es tritt kein Konzentrationsprofil auf.

Dann geht Gleichung (3.25) in folgenden Ausdruck über:

$$C_{A2} \; = \; \frac{C_{A1}}{\dfrac{K \; L}{w} + 1} \tag{3.26}$$

was bei sonst gleich Bedingungen geringere Abbauleistungen ergibt [3.11]. (Modell: idealer Mischreaktor)

3.3 Literaturverzeichnis zum Abschnitt 3

[3.1] *Kirchner* et al. "Grundlagen der biologischen Abluftreinigung"
VDI-Berichte 1034, Düsseldorf

[3.2] *Gust* et al. : "Abgasreinigung durch Mikroorganismen mit Hilfe von
Biofiltern" RdL 39 (1979), S.397...402

[3.3] *Brauer*: "Biologische Abluftreinigung"
Chem.-Ing.Techn.56 (1984) S.279...286

[3.4] *Krämer* "Abgasreinigung mit Bakteriensuspensionen (Monokulturen)"
Dissertation Uni Stuttgart 1983

[3.5] *Grassmann/Widmer*: "Einführung in die thermische Verfahrenstechnik"
Berlin/New York 1974

[3.6] *Brauer/Sucker*: "Biological Waste Water Treatment in a High Ef
ficiency Reactor" Ger.Chem. Eng. 2 (1979) S.77...86

[3.7] *Vauck/Müller*: "Grundoperationen chemischer Verfahrenstechnik"
Leipzig 1992

[3.8] *Diks/Ottengraf*: "Verfahrenstechnische Grundlagen der biologischen
Abluftreinigung..." VDI-Bericht 735, Düsseldorf 1989

[3.9] *Holley* et al.: "Kinetische Untersuchungen zur Abluftreinigung in Fest-
bett-Bioreaktoren" VDI-Bericht 979, Düsseldorf 1992

[3.10] *Litzenburger*: "Absorption und Oxidation von Äthylmercaptan in
Wasser..." Dissertation TU München 1979

[3.11] *Kohler*: "Behandlung geruchsintensiver Abluft in Wäschern unter
Verwendung einer Belebtschlammsuspension" Fortschrittsbereiche VDI-
Z. Reihe 15, Nr.22 Düsseldorf 1982

3.4 Zusammenstellung der im Abschnitt 3 verwendeten Formelzeichen

Croh   Rongaskonzentration [mg/m^3]

Crein   Reingaskonzentration [mg/m^3]

Co   Konzentration im Kern der flüssigen Phase [g/L]

C*   Konzentration an der Grenze der flüssigen Phase [g/L]

H   Henrykoeffizient [bar L/mol]

j   Stoffluß [g/m^2 . h]

K, Ko Reaktionsgeschwindigkeitskoeffizient [s^{-1}]

K_M Michaeliskonstante [g/L]

K_{Bio} biologische Geschwindigkeitskonstante [s^{-1}]

K_l Stoffübergangskoeffizient der Flüssigkeit

K_g Stoffübergangskoeffiziernt des Gases   g[m^2·h]

K*   Stoffübergangskoeffizient der Flüssigkeit

r   Reaktionsgeschwindigkeit [g·/L·h]

L   Reaktorlänge [m]

p°   Partialdruck im Kern der Gasphase [bar]

p*   Partialdruck an der Grenze der Gasphase [bar]

U   Waschmittelumlauf [m^3/h]

V Abluftmenge [m^3/h]

w Strömungsgeschwindigkeit im Reaktor [m/s]

X Bakterienkonzentration [g/L]

4 Biochemische und thermodynamische Grundlagen

Die biologischen Kreisläufe in natürlichen Ökosystemen funktionieren nur auf der Grundlage mikrobieller Abbauvorgänge, bei denen organische Makromoleküle in ihre niedermolekularen Bestandteile abgebaut werden, die dann wiederum für biosynthetische Prozesse zur Verfügung stehen.

Je nach dem, ob dieser Abbau unter An- oder Abwesenheit von Sauerstoff erfolgt, werden zwei Grundformen unterschieden:

1. Aerober Abbau wird von Mikroorganismen durchgeführt, die für ihren Stoffwechsel und zur Energiegewinnung auf Sauerstoffzufuhr angewiesen sind.Hierzu gehören z.B. (nach [4.8])
   – Pseudomans putida
   – Micrococcus lutens
   – div. Aktinomyceten

2. Anaerobe Mikroorganismen sind unter Sauerstoffabwesenheit stoffwechselaktiv, hierzu gehören u.a.
   – Methanobakterium sp.
   – Clostridien
   – verschiedene Bacterioidesarten
   die als obligate Anaerobier bezeichnet werden

Einige Organismen können jedoch sowohl anaerob als auch aerob existieren; sie werden fakultative Anaerobier genannt. Sie nutzen im allgemeinen Sauerstoff, falls dieser fehlt, nutzen sie organische Verbindungen als Elektronenakzeptoren (Oxidationsmittel).

4.1 Kohlenstoff- und Energiequellen der Mikroorganismen

Organismen können nach Art der Kohlenstoffaufnahme aus der Umgebung in zwei große Gruppen eingeteilt werden:

Während autotrophe Zellen Kohlendioxid (CO_2) als alleinige Quelle zur Deckung ihres Kohlenstoffbedarfs nutzen können,

sind heterotrophe Organismen nur in der Lage reduzierte, d.h. energetisch höherwertige Kohlenstoffverbindungen zu nutzen.

Neben dieser Einteilung nach exogener Kohlenstoffquelle ergibt sich ein zweites Merkmal zur Klassifizierung; die Art ihrer Energiequelle:

Phototrophe Arten nutzen Lichtenergie zum Aufbau ihrer organischen Moleküle dagegen, benötigen Chemotrophe kein Licht, da sie ihre Energie aus Redoxreaktionen beziehen.

Die chemotrophen Organismen ihrerseits werden unterteilt in:
Chemolithotrophe, die anorganische Stoffe wie Wasserstoff, Schwefel- oder Stickstoffverbindungen (z.B. NH_3) verwerten und Chemoorganotrophe, die komplex organische Moleküle als Elektronendonatoren (Reduktionsmittel) benötigen.

Die nachfolgende Tabelle 4-1 gibt einen Überblick über diese Einteilung der Organismen nach Energie- und Kohlenstoffquelle:

Tabelle 4-1: Einteilung der Organismen nach *Lehninger* [4.1]

Typ	C-Quelle	E-Quelle	Red.mittel
1. Photolithotrophe	CO_2	Licht	anorg. Verb.
2. Photooroganotrophe	org. Verb.	Licht	org. Verb.
3. Chemolithotrophe	CO_2	Redoxreaktionen	anorg. Verb.
4. Chemoorganotrophe	org. Verb.	Redoxreaktionen	org. Verb.

Für die biologische Abluftreinigung sind hauptsächlich Mikroorganismen vom Typ 4 (Chemoorganotrophe), in geringem Maße auch solche vom Typ 3 (Chemolithotrophe) von Bedeutung.

4.2 Der Stoffwechsel

Die Stoffwechselvorgänge (Bild 4-1) beinhalten alle physiologischen Prozesse zur Aufnahme, Umwandlung und Abgabe von Stoffen und Energien zwischen den Organismen und ihrer Umgebung. Dabei werden folgende spezifische Funktionen erfüllt (nach *Lehninger* [4.1]):

1. Energiegewinnung aus Brennstoffmolekülen (Chemotrophe) oder Sonnenlicht (Phototrophe)
2. Umwandlung von exogenen Nährstoffen in Bausteine von Makromolekülen
3. Integration dieser Bausteine in Zellbestandteile
4. Auf- und Abbau spezieller Biomoleküle, die für spezielle Funktionen der Zelle benötigt werden

Diese Vorgänge laufen bei allen Organismen unter den gleichen Kriterien ab:
– sie verlaufen schrittweise als Reaktionskette ab
– sie werden durch Enzyme gesteuert (katalysiert)
– energiefreisetzende und -verbrauchende Reaktionen stehen miteinander in Wechselwirkung

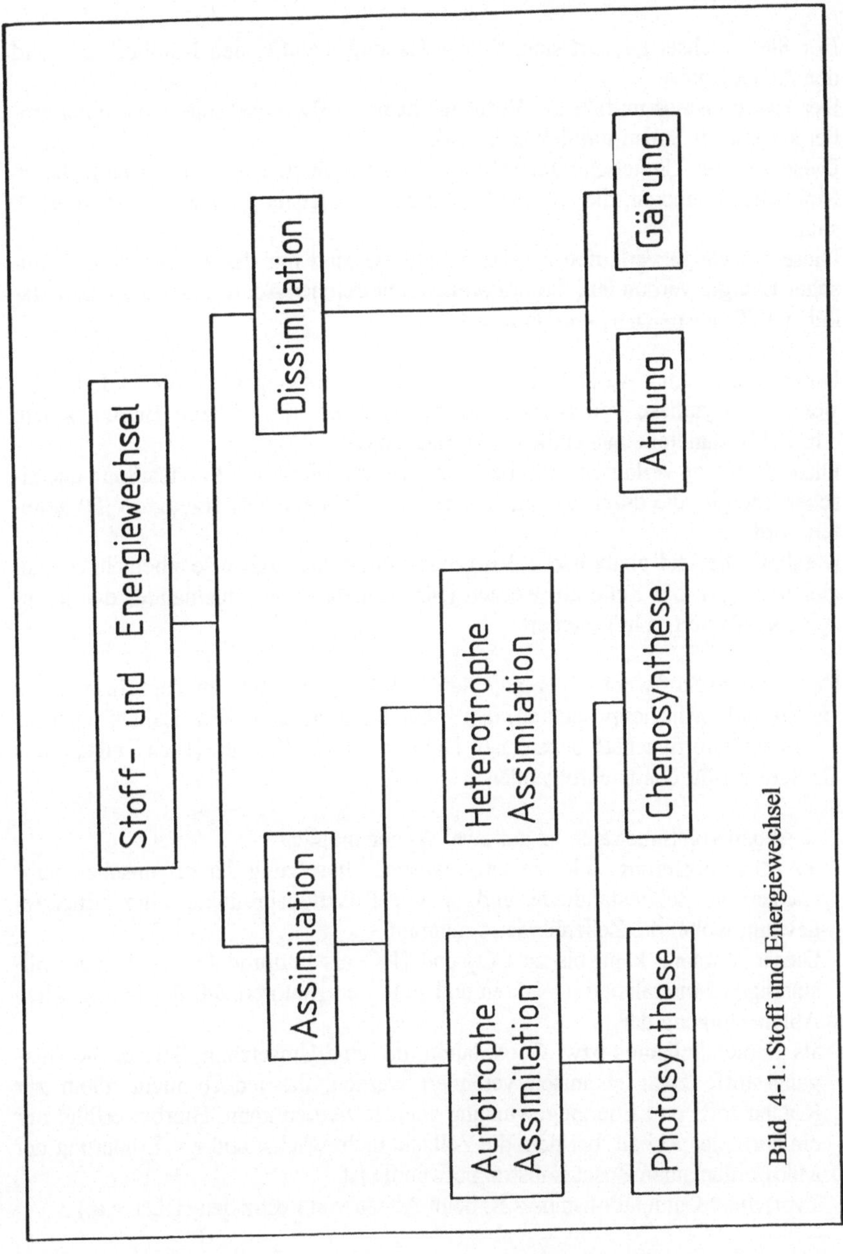

Bild 4-1: Stoff und Energiewechsel

4.2.1 Katabolismus und Anabolismus

Der Stoffwechsel gliedert sich in zwei Hauptabschnitte, den Katabolismus und den Anabolismus.
Der Katabolismus umfaßt die Vorgänge beim Stoffwechsel, die den Abbau großer komplexer Substratmoleküle bewirken.
Diese aus der Umgebung stammenden Makromoleküle werden zu einfacheren Molekülen abgebaut, die später zum Aufbau zelleigener Substanzen erforderlich sind.
Diese Vorgänge verlaufen exotherm, d.h. sie sind mit der Freisetzung chemischer Energie verbunden, die in Form energierreicher Adenosintriphosphatmoleküle (ATP) gespeichert wird (s.a. 4.3.1)

Unter Anabolismus versteht man die Phase der enzymgesteuerten und -katalysierten Biosynthese von Nucleinsäuren, Proteinen und anderen Biomolekülen, d.h. Zellbestandteile aus einfacheren Bausteinen.
DieseVorgänge verlaufen endotherm, d.h. sie erfordern die Bereitstellung chemischer Energie, die durch das im Rahmen des Katabolismus erzeugte ATP geliefert wird.
Katabolische und anabolische Vorgänge laufen sich teilweise überschneidend, gleichzeitig in der Zelle ab, werden jedoch unabhängig voneinander durch Enzyme katalysiert, d.h. gesteuert.

Der gesamte Stoffwechselvorgang läuft über eine Vielzahl von Teilschritten (bis zu 20) und Zwischenprodukten, den Metaboliten ab und wird deshalb auch als Intermediärstoffwechsel bezeichnet. Dabei dient das Produkt jedes Teilschrittes als Substrat für den nachfolgenden.

Der Abbau von Substraten ist auf zwei Wegen möglich:
– als Metabolisierung, d.h. die enzymatische Umsetzung der organischen Substanzen in Zellbestandteile und andere Reaktionsprodukte unter Energiegewinn, wobei die Zellzahl meist zunimmt.
  Dieser Vorgang kann bis zu CO_2 und H_2O als Endprodukten, d.h. zur vollständigen Mineralisierung führen und stellt den Hauptprozeß der biologischen Abluftreinigung dar.
– als Cometabolismus bzw. Cooxidation, d.i. eine Umsetzung, bei der die Ausgangsstoffe zwar chemisch verändert werden, die jedoch nicht allein zur Kohlenstoff- und Energiegewinnung genutzt werden kann. Hierbei erfolgt nur ein partieller Abbau, bei dem die Zellzahl nicht wächst und zur Ernährung der Mikroorganismen Zusatzsubstrat notwendig ist.
  Typisch ist Cometabolismus z.B. beim Abbau von Pestiziden (DDT u.a.)

4.2.2 Enzymkatalysierte Reaktionen

Chemische Reaktionen in einem Gemisch von Atomen oder Molekülen laufen nur dann ab, wenn ein für die jeweilige Reaktion charakteristisches Energieniveau, die Aktivierungsenergie, erreicht wird.

Häufig kann man festellen, daß bei Anwesenheit einer zusätzlichen Substanz, die in der summarischen Reaktionsgleichung nicht enthalten ist, sich die Aktivierungsenergie erheblich verringert.
Der Vorgang wird Katalyse gennant; die Substanz selber als Katalysator bezeichnet.
Lebende Organismen besitzen eine besondere Art von Katalysatoren, die den Ablauf von Reaktionen ermöglichen bzw. erheblich beschleunigen, die anderen-

Tabelle 4-2: Einteilung der Enzyme

Einteilung der Enzyme		
Enzymgruppe	Katalysierte Reaktion	Beispiele
Oxydoreduktasen	Redoxreaktionen: Das Enzym überträgt oder entnimmt dem Substrat Elektronen	Zytochrome Ferredoxin
Transferasen	Übertragung von Atom- oder Molekülgruppen von einem Substrat auf ein anderes	Aminotransferasen: Übertragung von Aminogruppen Phosphotransferasen: Übertragung von Phosphatresten
Hydrolasen	hydrolytische Spaltungen von Makromolekülen	Karbohydrasen: Spaltung der Kohlenhydrate Lipasen: Spaltung der Fette
Lyasen	Spaltung von Molekülen in Spaltprodukte ohne Hydrolyse	Dekarboxylasen: Abspaltung von Kohlendioxid
Ligasen (Synthetasen)	Verknüpfung von zwei Molekülen unter Mitwirkung von ATP	Acetyl-CoA-Ligase

falls unter gleichen Bedingungen (Druck, Temperatur) nur sehr langsam oder gar
nicht ablaufen würden.

Die Katalysatoren des Intermediärstoffwechsels sind die Enzyme. Jeder Stoff-
wechselweg wird durch eine Sequenz spezifischer Enzyme aufrechterhalten.
Bestimmte Enzyme beschleunigen bestimmte Reaktionen, jedoch keine anderen.
Damit können in der Zelle Systeme untereinander zusammenhängende Kettenreaktionen ablaufen, ohne sich gegenseitig zu beeinflussen.

Wie bereits gesagt, laufen diese Kettenreaktionen (auch Sequenzen genannt
[4.1]) zwar ohne gegenseitige Beeinflussung, jedoch nicht völlig unabhängig
voneinander ab; sie sind vielmehr zu komplexen Systemen verknüpft, die die
Stoffwechselströme und Energieübertragungsmechanismen in ganz bestimmte
Richtungen leiten.

Es sind weit über 1000 verschiedene Enzyme bekannt. Sie werden meist nach
ihrem Substrat oder der katalysierten Reaktion benannt. Beispiele sind in Tabelle 4-2 angeführt.

4.3 Bioenergetik und ATP-Kreislauf

Vor der Darstellung der bioenergetischen Zusammenhänge des Stoffwechsels
sollen einige Grundlagen der Gleichgewichtsthermodynamik chemischer Reaktionen rekapituliert werden:

- Der Erste Hauptsatz ist der Satz von der Erhaltung der Energie, d.h.
  während eines bestimmten Prozesses kann nur eine Umwandlung (z.B. von
  chemischer in Wärmeenergie) erfolgen.
- der Zweite Hauptsatz postuliert, daß die Entropie eines geschlossenen
  Systems immer nur zunehmen kann. Die Entropie kann als Ausdruck für
  den Grad an Unordnung bzw. zufallsmäßiger Ordnung betrachtet werden.
- Maßgebend für die Richtung und Gleichgewichtslage chemischer Reaktionen ist die Änderung der Freien Energie, d.h. der Energieform, die bei
  konstanter Temperatur und unter konstantem Druck Arbeit verrichten kann:
  $$\Delta G = \Delta H - T \cdot \Delta S$$
  worin
  ΔG = Änderung der freien Energie,
  ΔH = Änderung der Enthalpie,
  ΔS = Änderung der Entropie und
  T = absolute Temperatur
  bedeuten.

Da lebende Organismen natürlich ebenfalls den Gesetzen der Thermodynamik und damit dem Zweiten Hauptsatz unterliegen, jedoch ihren hohen Organisationsgrad ständig neu erzeugen und aufrechterhalten können, führte und führt noch immer unter Naturwissenschaftlern und Wissenschaftstheoretikern zu zahlreichen Interpretationen und Erklärungsversuchen, wobei die Interpretation der Entropie, Fragen der Wahrscheinlichkeit der einzelnen Makrozustände sowie die Informationstheorie eine wesentliche Rolle spielen (s.u.a. [4.4], [4.6], [4.7], [4.9]...[4.11])

Wir wollen von folgenden Grundsätzen ausgehen, die den derzeitigen Erkenntnisstand darstellen:

- Lebende Organismen sind offene Systeme die im Energie- und Stoffaustausch mit ihrer Umgebung stehen
- Sie schaffen und erhalten ihren Organisationsgrad, indem sie die Entropie ihrer Umgebung erhöhen
- Sie befinden sich im Zustand des "steady state", einem Fließgleichgewicht, bei dem Zu- und Abfluß von Energie und stoffliche Materie ausgeglichen sind. (Dieser Zustand darf nicht mit dem thermischen Gleichgewicht verwechselt werden.)
- Die Zelle ist ein offenes System, das sich mit seiner Umgebung nicht im chemischen Gleichgewicht befindet, sondern seiner Umgebung Freie Energie entzieht und deren Entropie erhöht.
- Sie ist, da in allen ihren Teilsystemen die gleiche Temperatur herrscht, isotherm und kann, da innerhalb keine wesentlichen Druckunterschiede (außer im Rahmen osmotischer Vorgänge) auftreten, als annähernd isobar angesehen werden.
- Die Zelle kann deshalb Wärme nicht als Energiequelle nutzen, sondern muß die aus der Umgebung gewonnene Energie in chemische Energie umsetzen, die dann für die Biosynthese, die osmotischen Transportvorgänge innerhalb der Zelle sowie für eventuelle mechanische Arbeit (Bewegungsenergie) genutzt wird
- Die nicht genutzte Energie wird in Form von Wärme zurück an die Umgebung gegeben.

In den nachfolgenden Abschnitten werden diese Vorgänge ausführlicher dargestellt.

4.3.1 Die Änderung der Freien Energie

Für alle bioenergetischen Untersuchungen ist der Zusammenhang zwischen der Änderung der Freien Energie und der Gleichgewichtskonstanten einer chemischen Reaktion von grundlegender Bedeutung.

Es möge folgende chemische Reaktion ablaufen:

$$a \cdot A + b \cdot B = c \cdot C + d \cdot D \qquad (4.2)$$

worin A und B die Ausgangsstoffe mit ihren an der Reaktion beteiligten Mole-
küken a und b sind, während C und D die entstehenden Produkte mit der Anzahl
ihrer Moleкühle c und d bedeuten.
Dann bestimmt sich die Änderung der freien Energie zu

$$\Delta G = \Delta G^\circ + RT \cdot \ln \frac{C^c \cdot D^d}{A^a \cdot B^b} \qquad (4.3)$$

wobei ΔG° die Änderung der Freien Energie unter Standardbedingungen (25°C,
pH=7,0) ist.
Setzt man den im logarithmischen Term enthaltenen Quotienten als Gleichgewichtskonstante K_G der Reaktion nach (4.2) ein, so wird

$$\Delta G = \Delta G^\circ + RT \cdot \ln K_G \qquad (4.4)$$

bzw.

$$\Delta G = \Delta G^\circ + 2,303 \, RT \cdot \log K_G \qquad (4.5)$$

Welche Änderung der Freien Energie der Reaktion nach (4.2) ist nun zu erwarten?
Wenn sich die Reaktion in ihrem Ablauf dem Gleichgewichtszustand nähert, nähert sich auch die Freie Energie des Systems ihrem Minimalwert und ΔG dem
Wert Null: Damit wird Gleichung (4.4) zu

$$0 = \Delta G^\circ + RT \cdot \ln K_G \qquad (4.6)$$

woraus sich die Änderung der Freien Energie bei Standardbedingungen zu

$$\Delta G^\circ = \sum G^\circ_{Produkte} - \sum G^\circ_{Ausgangsstoffe}$$

und damit für den Fall (4.2)

$$\sum G^\circ = (c \cdot G^\circ_C + d \cdot G^\circ_D) - (a \cdot G^\circ_A + b \cdot G^\circ_B) \qquad (4.7)$$

Der Verlauf einer gegebenen chemischen Reaktion ist von der Änderung der
Freien Energie abhängig, sie wird immer in Richtung eines negativen ΔG ablaufen, wobei dessen Betrag die theoretisch mögliche maximale Arbeit der Reaktion darstellt.

Bei den im Abschnitt 4.2.2 beschriebenen Sequenzen aufeinander folgender biochemischer enzymkatalysierter Reaktionen sind die Produkte jeweils die Substrate (Ausgangsstoffe) der nachfolgenden, womit die Übertragung Freier Energie über die Metaboliten an den nachfolgenden Prozeß möglich wird.
Damit verhalten sich die Änderungen Freier Energie in einer solchen Sequenz von Reaktionen additiv:

Wenn die ΔG° dreier aufeinander folgender Reaktionen ΔG_1°, ΔG_2° und $\Delta G3^\circ$ sind, so ist diejenige der gesamten Sequenz

$$\Delta G^\circ_s = \Delta G^\circ_1 + \Delta G^\circ_2 + \Delta G^\circ_3 \tag{4.8}$$

Damit lassen sich aus den Standardwerten der Freien Bildungsenergien ihrer Ausgangsstoffe und ihrer Endprodukte das ΔG° einer chemischen Reaktion bestimmen.
Diese Werte für eine Reihe ausgewählter Stoffe sind in Tabelle 4-3 zusammengestellt.

Tabelle 4-3: Standardwerte der Freien Bildungsenergie für 1 M wäßrige
        Lösungen bei pH 7.0 und 25°C.

Substanz	kJ
Acetat⁻	- 372.3
L -Alanin	- 371.3
Ammonium-Ion	- 79.50
Bicarbonat-Ion	- 587.14
Kohlendioxid (Gas)	- 395.2
Äthanol	- 181.6
α-D-Glucose	- 917.21
Glycerin	- 488.64
Hydrogen-Ion Wasserstoff-	- 39.96
Hydroxid-Ion	- 157.30
Lectat⁻	- 517.81
Oxalacetat²⁻	- 797.18
Succinat²⁻	- 690.23
Wasser (flüssig)	- 237.20

4.3.2 ATP als universeller Energieüberträger

Die Zellen stellen sich uns als "chemische Maschinen" dar, die mit ihrer Umgebung im Energie- und Stoffaustausch stehen und bei isothermen, isobaren und isochoren Verhältnissen Arbeit leisten.

Die aus der Umgebung entnommene Energie wird in chemische verwandelt, um energieverbrauchenden Prozessen zur Verfügung zu stehen.

Als Speichermedium für die durch die Abbaureaktionen des Katabolismus gewonnene Energie sowie deren Transfer auf die energieverbrauchenden Prozesse des Anabolismus dient Adenosintriphosphat (ATP), das diese in besonderen "Hochenergiebindungen" speichert.

Dieses ATP und das Adenosindiphosphat (ADP) sind die universellen Energieüberträger in der lebenden Zelle.

Um das Diphosphat (ADP) in das Triphosphat (ATP) zu überführen, werden 29 $KJ \cdot mol^{-1}$ benötigt. Wird der Phosphatrest auf eine andere Verbindung, (z.B. ein Monosaccharid) übertragen, so steht die gleiche Energiemenge für Biosynthese,

Transportarbeit und mechanische Arbeit zur Verfügung (Bild 4-2 und 4-3)

4.3.3 Ablauf der biologischen Oxidation

Als biologische Oxidation wird die enzymgesteuerte Oxidation von Stoffen durch lebende Organismen, im engeren Sinne die schrittweise Oxidation des Wasserstoffs durch Dehydrogenierung von aufgenommenen Substraten bezeichnet.

Der in den Substraten enthaltene Kohlenstoff wird in Form von Kohlendioxid an die Umgebung zurückgegeben.

Die biologische Oxidation besteht aus zwei Teilschritten,

– der Substratoxidation unter der Abspaltung von Wasserstoff und Bindung an das NADP (Nikotinsäureamid-Adenin-Dinukleotid-Phosphat), das als Überträger energiereicher Elektronen aus katabolischen auf anabolische Reaktionen dient

– der Endoxidation, bei der die Oxidation des Wasserstoffs nicht direkt, sondern über mehrere enzymkatalisierte Redoxprozesse, die sogenannte Atmungskette erfolgt.

Die Umwandlung der aus den Substraten gewonnenen Energie erfolgt nicht vollständig:
Ein Teil wird zur Aufrechterhaltung der Eigentemperatur benötigt bzw. zurück an die Umgebung abgegeben.

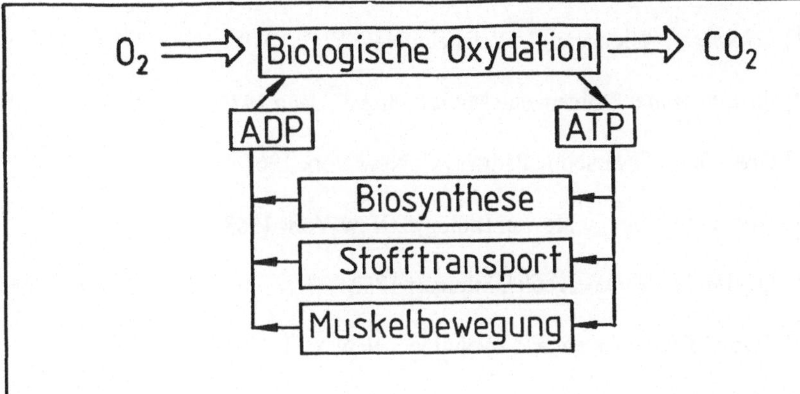

Bild 4-2: Der ATP-Zyklus

Bild 4-3: Umwandlung von ADP in ATP

4.4 Literaturverzeichnis zum Abschnitt 4

[4.1] *Lehninger*: "Biochemie", Weinheim/New York 1979

[4.2] *Aurich/Weide*: "Allgemeine Mikrobiologie", Jena 1979

[4.3] *Greenberg*: "Metabolic Pathways", New York 1967

[4.4] *Morowitz*: "Energy Flow in Biology", New York 1968

[4.5] *Lehninger*: "Bioenergetik", Stuttgart 1982

[4.6] *Blum*: "Time's Arrow and Evolution", New York 1962

[4.7] *Monod*: "Zufall und Notwendigkeit", München 1982

[4.8] *Larbig*: "Jahresbericht 1990 über den mikrobiellen Abbau von Lösungs-
mitteln aus dem Siebdruckbereich" (BMFT), Wedemark 1990

[4.9] *Schrödinger*: "Was ist Leben?", Braunschweig 1984
(Ges. Schriften Bd.II)

[4.10] *Peret*: "Biochemistry and Bacteria", New Biology 12 (1952), 69
Penguin

[4.11] *Lippman*: "Metabolic Generation and Utilization of Phophate Bond
Energy" Advent.Enzymol., 18(1941), S.99...162

[4.12] *Katachalsky*: "Non-Equilibrum Thermodynamics, New York 1965

4.5 Zusammenfassung der im Abschnitt 4 verwendeten Formelzeichen

G   Freie Energie

ΔG Änderung der Freien Energie

ΔG^0 Änderung der Freien Energie bei Standardbedingungen

H   Enthalpie

ΔH Enthalpieänderung

K_G Gleichgewichtskonstante einer Reaktion

S   Entropie

ΔS Entropieänderung

R   Gaskonstante

T   Temperatur

5 Der Biofilter

Der Biofilter hat sich im Laufe der vergangenen 2 Jahrzehnte als das wichtigste und verbreiteste Verfahren herausgestellt, wobei die unkomplizierteste und betriebssicherste Variante immer noch der Flächenfilter in Druckkammerbauart ist. Die Zahl von Veröffentlichungen zu Einzelproblemen sowie von theoretischen Untersuchungen zum Biofilter sind inzwischen sehr zahlreich geworden, an dieser Stelle sollen jedoch überwiegend Ergebnisse eigener langjähriger Tätigkeit bei Auslegung, Planung, Bau und Betrieb von Flächenbiofiltern einem breiten Kreis von Interessenten näher gebracht werden.

5.1 Der Aufbau von Biofilteranlagen

Die Geburtsstunde des Biofilters schlug 1957, als Richard D. *Pomeroy* das US-Patent Nr. 2 793 096 mit dem Titel "De-odoring of gas streams by the use of micro-biological growth" erteilt wurde.

Sein Biofilter bestand, wie in Bild 5-1 gezeigt, aus einer Schicht organischer Filtermaterial wie Kompost u.a., unter der in einer Schüttung von grobem Kies die gelochten Luftverteilungsrohre liegen.

Dieser und die in folgenden Jahren nach diesem Modell errichteten Filter (z.B. der sogenannte "greenhouse filter" von *Carlson* und *Leiser*, s. Bild 5-2 nach [5.1]) waren ausschließlich zur Geruchsminderung gebaut und konzipiert worden, also für den Abbau von relativ geringen Stoffkonzentrationen an Geruchsstoffen bestimmt. Deshalb war eine Konditionierung der Abluft im allgemeinen nicht vorgesehen, die Befeuchtung des Filtermaterials wurde meist über Sprinkleranlagen realisiert.

Unterstützend kam hinzu, das im allgemeinen recht feuchte Abluft z.B. aus der Abwasserreinigung oder aus Schlachthöfen behandelt wurde und damit eine zufriedenstellende Funktion auch ohne direkte Abluftkonditionierung erreicht werden konnte.

5.1.1 Die Typisierung von Flächenbiofiltern

Das charakteristische Merkmal von Flächenbiofiltern, nach dessen Ausführung eine Unterteilung der Bauformen vorgenommen werden kann, ist die Art und Weise der Luftverteilung über die Filterfläche.

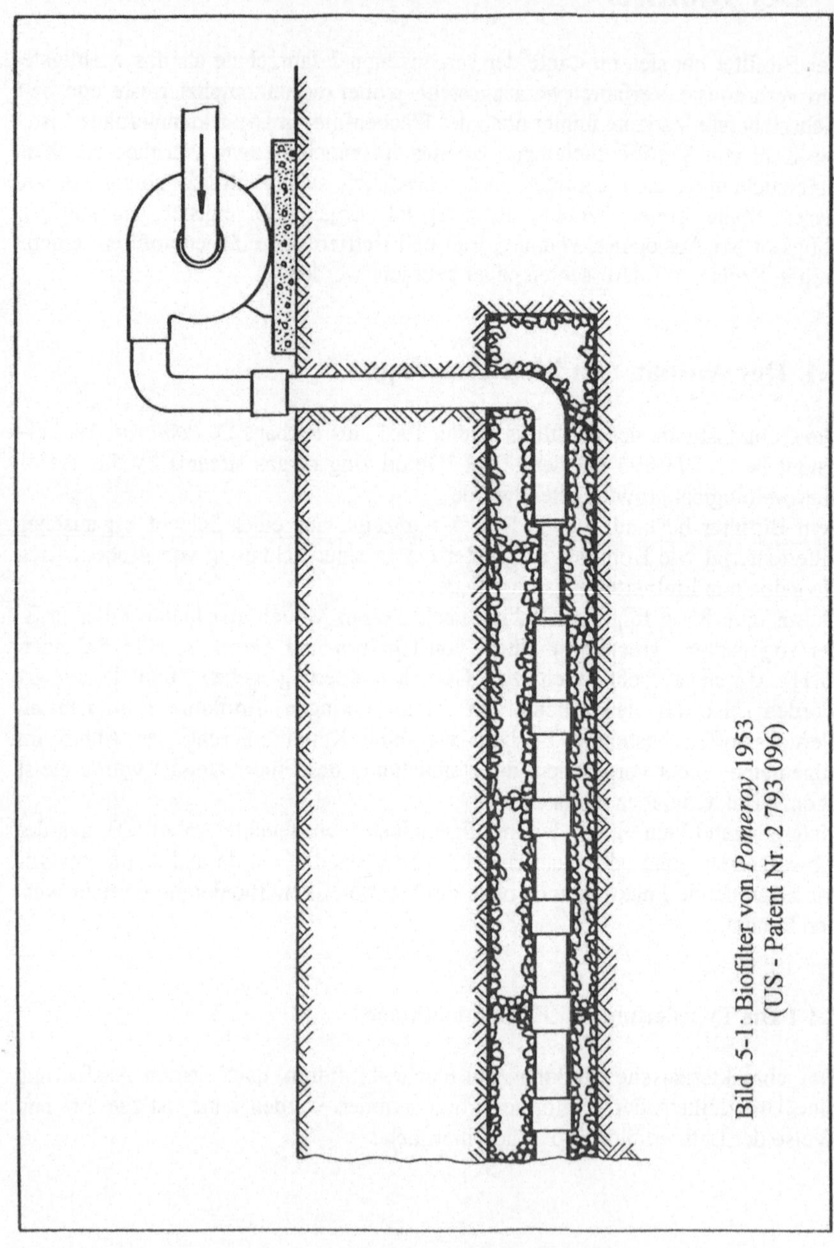

Bild 5-1: Biofilter von *Pomeroy* 1953
(US - Patent Nr. 2 793 096)

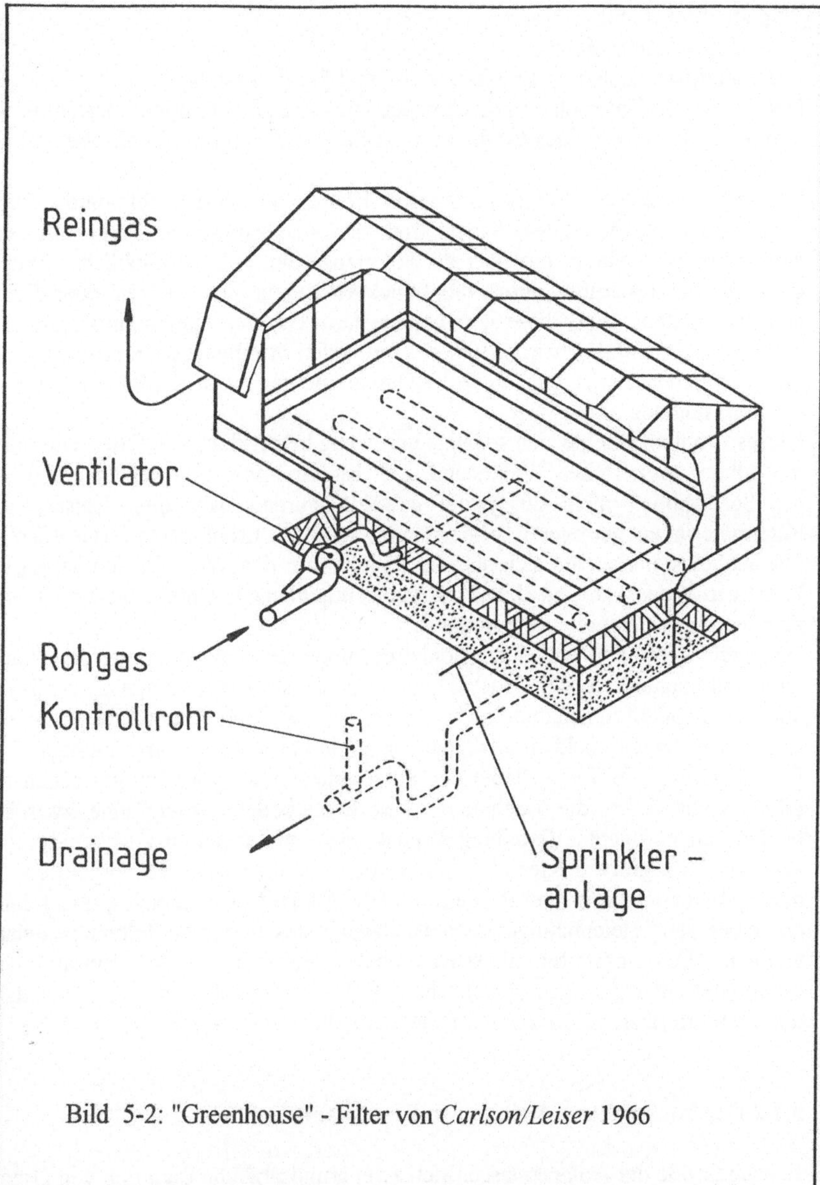

Bild 5-2: "Greenhouse" - Filter von *Carlson/Leiser* 1966

Man unterscheidet hierbei zwei große Gruppen:
– Filter mit strukturierter Luftverteilung durch gelochte Rohre, Formsteine oder
  Spaltenböden und
– die Druckkammerfilter
Die wichtigsten Bauarten sind in Bild 5-3 und 5-4 dargestellt.

Der wichtigste Unterschied zwischen den beiden großen Gruppen besteht in der
Größe des Druckverlustes für die horizontale Verteilung der Abluft über die gesamte Filterfläche:

Die Luftverteilungen mittels perforierter Rohre und Kiesschicht, durch Formsteine oder Spaltenböden haben trotz strömungsgünstiger Form alle den
gemeinsamen Nachteil, das über die Filterlänge ein nicht unerheblicher Druck-
gradient, hervorgerufen durch die Druckverluste in den Rohren oder Form-
steinen, entsteht. Sind diese horizontalen Druckverluste nun relativ groß, d.h.
betragen sie mehr als etwa 5...10% des vertikalen Strömungswiderstandes, so ist
mit erheblichen Unterschieden in der Durchströmung zwischen Filteranfang und
-ende zu rechnen.

Dieses Problem machte sich so lange nur wenig bemerkbar, wie Filtermaterialien
mit hohem spezifischen Widerstand, z.B. Müllkompost eingesetzt wurden und
die Schütthöhen nicht zu gering gewählt wurden. Mit dem Einsatz von
Filtermaterialien geringeren Widerstandes und der Erhöhung der spezifischen
Flächenbelastung suchte sich nun der Abluftstrom den Weg mit den geringsten
Durckverlusten, d.h. es kam zu ganz erheblichen Unterschieden in der
Durchströmung entlang der Filterlänge.

Dagegen weist ein gut dimensionierter moderner Druckkammerfilter kaum
Druckunterschiede in der Druckkammer auf, da die Horizontalgeschwindigkeit
unter den Belüftungsplatten i.M. nur in der Größenordnung von 0,15 m/s,
bezogen auf eine Druckkammerlänge von 10 und eine -höhe von 0,5m liegt.

Der überwiegende Teil (>95%) des Filterwiderstandes wird hierbei neben der
Filterschicht durch die Lochplatten des Druckbodens sowie eine zwischen
beiden angeordnete Verteilungsschicht aus strukturiertem Material, z.B.
Wurzelspleiß, grobem Kies (16...32mm) oder Naturschlacke hervorgerufen. Da
dieser Widerstand nun über die gesamte Filterfläche nahezu gleich groß ist, kann
mit einer sehr gleichmäßigen Beaufschlagung des gesamten Filters gerechnet
werden. Das gestattet natürlich auch problemlos den Einsatz von
Filtermaterialien geringen spezifischen Widerstandes, ohne die o.a. Nachteile
der strukturierenden Luftverteilsysteme befürchten zu müssen.

5.1.2 Der konstruktive Aufbau von Druckkammerfiltern

Je nach Größe der Anlagen lassen sich zwei grundsätzliche Bauarten von Druck-
kammerfiltern unterscheiden:

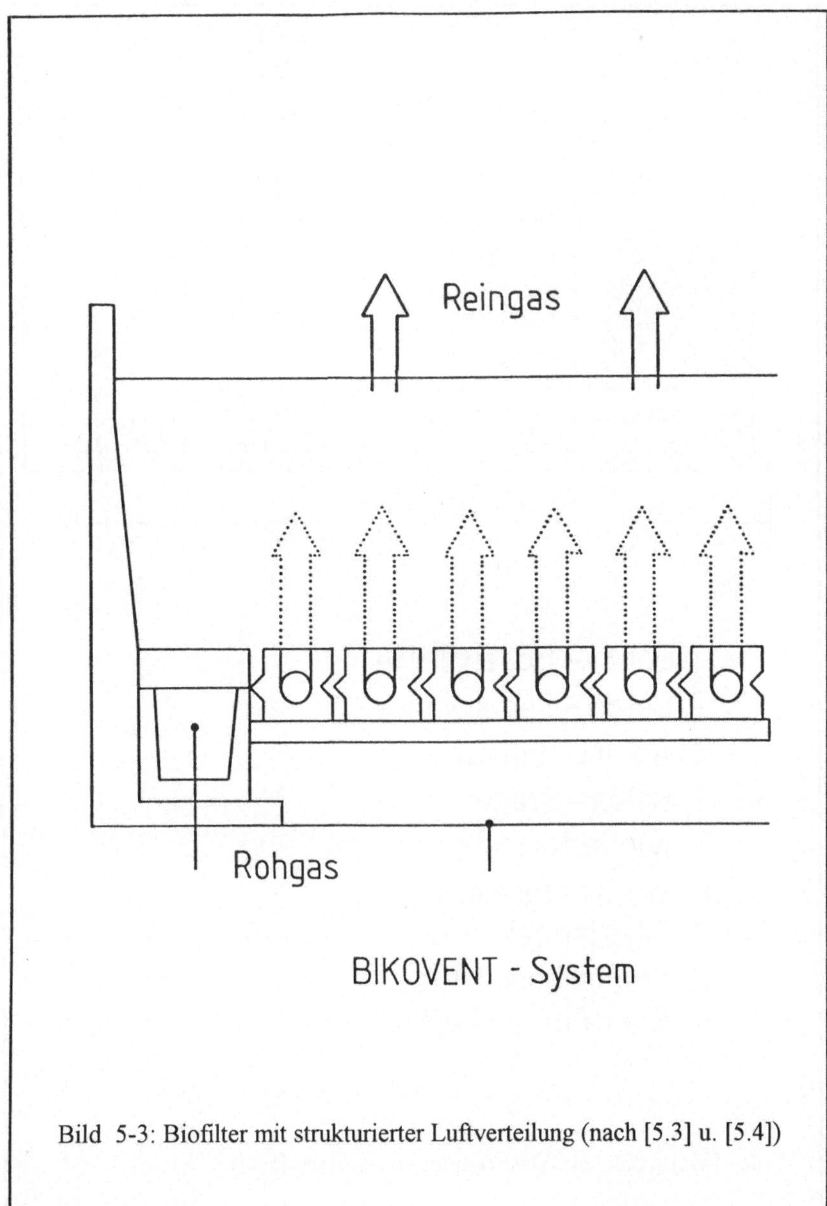

Bild 5-3: Biofilter mit strukturierter Luftverteilung (nach [5.3] u. [5.4])

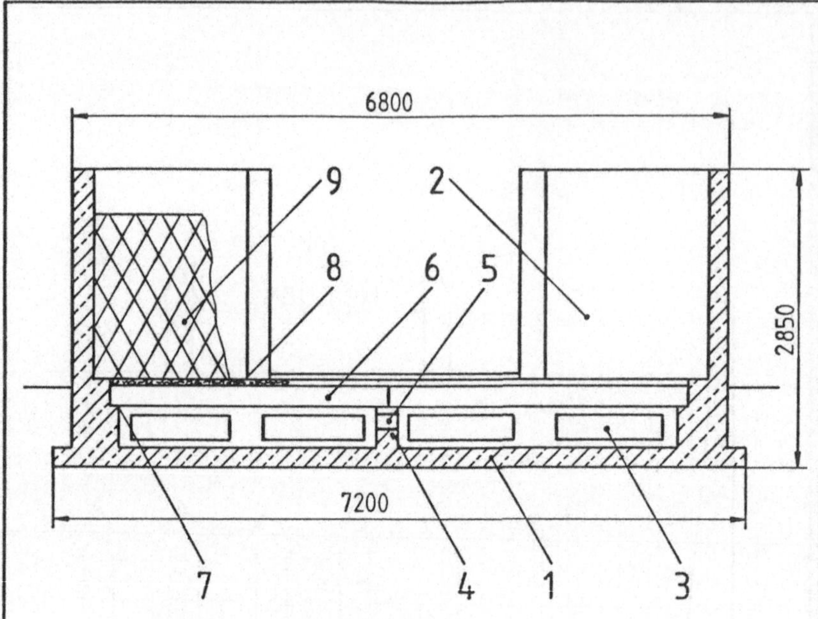

1 Beton - Bodenplatte
2 Beton - Seitenwände
3 Abluft - Eintritt
4 Beton - Stege
5 Kunststoffrohre
6 Belüftungselemente
7 Filzstreifen
8 Gewaschener Kies
9 Bio - Filtermaterial

Bild 5-4: bc bioclean-Druckkammerfilter (nach [5.2])

– Für kleinere Leistungen bis etwa 2500...3000 m³/h hat sich der Kompaktfilter bewährt, der aus einem Container aus Stahl oder Kunststoff besteht, in den ein Druckboden eingezogen ist. Durch einen oder mehrere Anblasstutzen wird die Abluft in den Druckraum daruntergeführt und steigt durch das Filtermaterial, wird gereinigt und verläßt den Filter diffus über die gesamte Oberfläche.
Diese Containerfilter können auch zu größeren Einheiten zusammengestellt werden, so sind z.B. in der Druckereiindustrie Anlagen mit einer Abluftleistung von 7500 m³/h, bestehend aus 3 Containern, im Einsatz (Bild 5-5).
Hierfür haben sich Abrollcontainer nach DIN bewährt, die im Inneren mit einen mehrschichtigen Zweikomponentenanstrich versehen sind. Als Druckboden werden hier meist feuerverzinkte Lichtgitterroste eingesetzt, auf die meist eine grobkörnige Schicht aus Wurzelspleiß als Zwischenlage vor dem Filtermaterial aufgebracht wird. [5.2]
Für kleine Leistungen, (300...5000 m³/h) speziell für die Geruchsbeseitigung in kommunalen Abwasserreinigungsanlagen, sind Kompaktfilter aus Kunstoff mit integrierter Befeuchtung erfolgreich eingesetzt worden.

– Wenn größere Luftmengen im Biofilter gereinigt werden sollen, d.h. im allgemeinen ab etwa 5000m3/h, hat sich heute der stationäre Flächenfilter durchgesetzt. Während die oben beschriebenen Kompaktfilter fast ausschließlich mit einer Druckkammer ausgerüstet sind, finden sich bei den stationären Filteranlagen sowohl Luftverteilungen über Formsteine (Bild 5-3) und -platten als auch die Ausführung als Druckkammerfilter (Bild 5-4).

Der Unterbau bzw. die Druckkammer werden überwiegend aus Beton ausgeführt, für die die Formsteine oder die Belüftungsplatten (beim Druckkammerfilter) sind die verschiedensten Materialien im Einsatz. Neben Stahl- und Glasfaserbeton findet man hier in zunehmenden Maße die Anwendung von Recyclingkunstoff.
Eine Ausführung in Stahlbeton, die bis zu einer Achslast von 10t befahrbar ist, zeigt Bild 5-6.

5.1.3 Der Wetterschutz bei Flächenfiltern

Die meisten bisher gebauten größeren Flächenfilter sind nach oben offen, d.h. sie besitzen keinen Schutz vor Niederschlägen. Diese haben an und für sich keine negativen Auswirkungen auf den Betrieb des Biofilters, vor allem da sie völlig gleichmäßig verteilt auf die gesamte Oberfläche niedergehen.

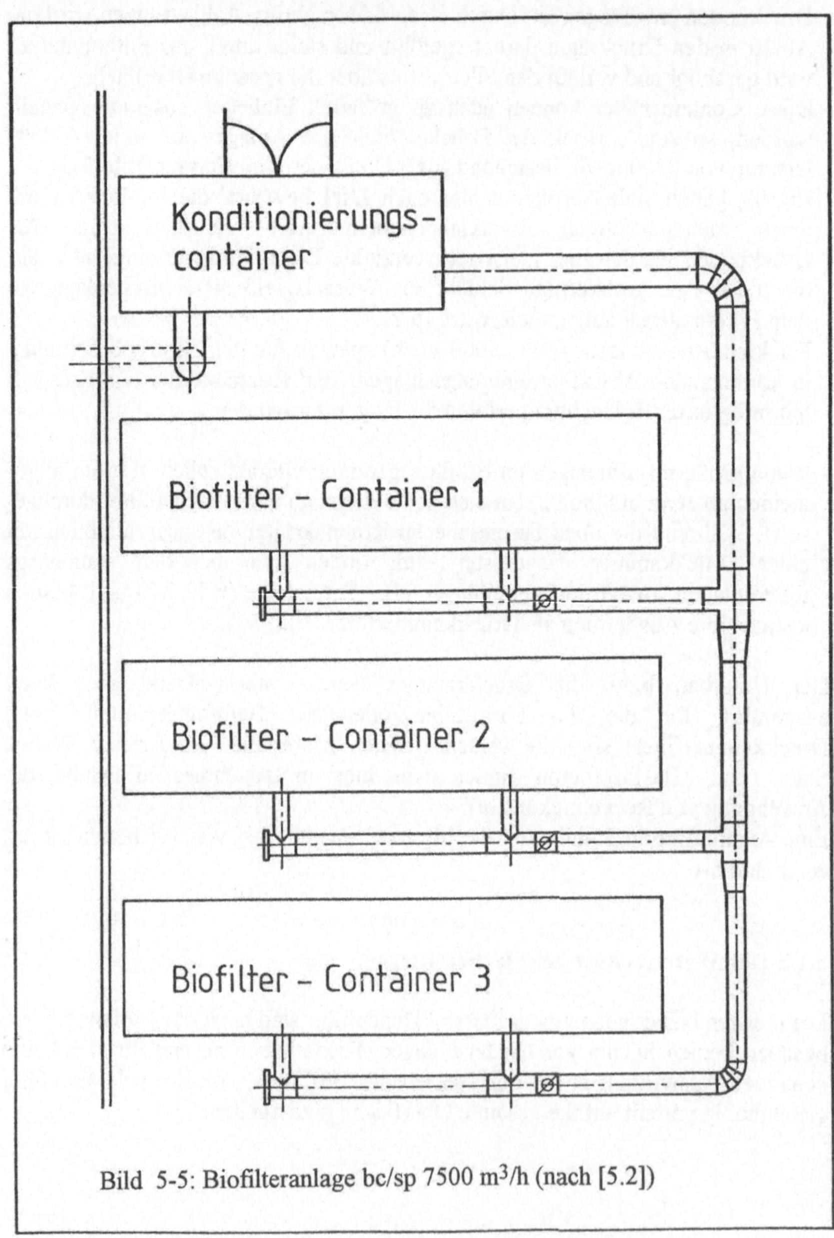

Bild 5-5: Biofilteranlage bc/sp 7500 m^3/h (nach [5.2])

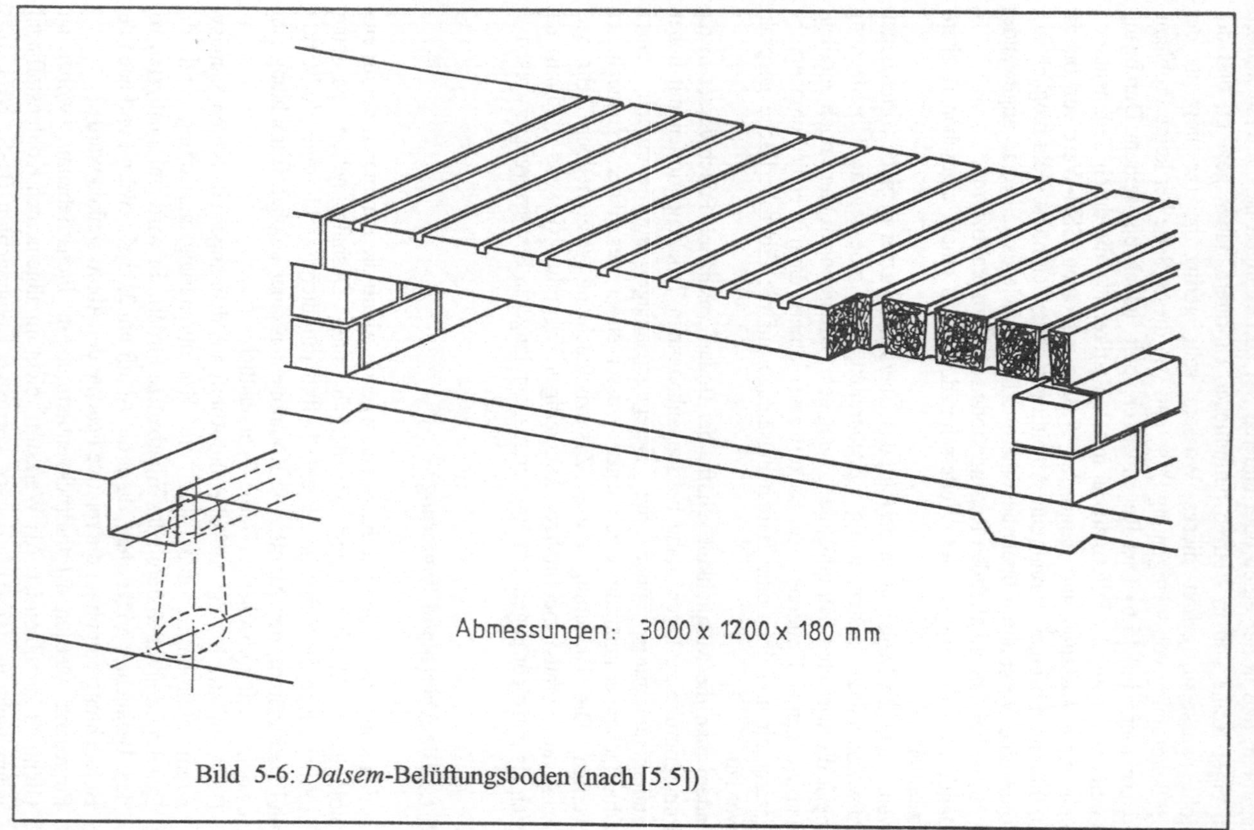

Bild 5-6: *Dalsem*-Belüftungsboden (nach [5.5])

Bei langanhaltenden Regenfällen wird sich im unteren Bereich Überschußwasser sammeln, daß in der einen oder anderen Art zu beseitigen ist. Untersuchungen an einer Reihe von in Betrieb befindlichen Biofiltern haben gezeigt, daß der Kohlenwasserstoffgehalt dieses Wassers sehr gering ist (er liegt in der Größenordnung von wenigen mg/l), so daß von dieser Seite her keine Probleme zu erwarten sind [5.6] Das Regenwasser spült jedoch bei seinem Durchgang durch das organische Filtermaterial feinste Partikel aus, die durch Sedimentation nicht mehr ausfallen und damit das Wasser auf einen CSB-Wert von bis zu 10 000 mg /l bringen, womit eine Ableitung unbehandelt meist nicht möglich ist. Auch eine Verspülung über die Filteroberfläche, wie es teilweise angewendet wird, ist bei langanhaltenden Regenperioden nicht zu praktizieren.

Damit wird die Frage eines Wetterschutzdaches zu einem einfachen Rechen-exempel:

wenn nicht die Möglichkeit besteht, das Überschußwasser in einer vorhandenen Abwasseranlage kostengünstig aufzubereiten, wird eine leichte Überdachung meist die wirtschaftlich günstige Lösung sein. Die geringen dann noch anfallen-den Mengen an Kondens- oder Sickerwasser können dann in einer Pumpengrube gesammelt und über eine Beregnungsanlage auf die Filteroberfläche gesprüht werden.

Indem man die Möglichkeit schafft, bei Bedarf zusätzlich Frischwasser in die Pumpengrube zu leiten, kann bei langanhaltenden Trockenperioden mit hohen Außentemperaturen über die Beregnungsanlage ein eventuell durch Oberflächenverdunstung entstehener Wasserverlust des Filters ausgeglichen werden. Die Dosierung dieser Zusatzbefeuchtung setzt jedoch sehr viel Erfahrung voraus: mehrmaliges kurzzeitiges Besprühen (jeweils 2...5min) hat sich als günstiger gegenüber einer einmaligen längeren Bewässerung erwiesen.

5.1.4 Die Abluftkonditionierung

In den seltensten Fällen hat die zu entsorgende Abluft die Parameter, die für eine biologische Abluftreinigung erforderlich sind. Deshalb gehört zu einer Biofilteranlage auch fast immer eine Luftkonditionierung, d.h. eine Vorheizung und Befeuchtung der Abluft. Die Komponenten einer solchen Einrichtung sind aus dem Verfahrenschema (Bild 5-7) ersichtlich:

- Der Ventilator hat die Aufgabe, die Abluft aus dem angeschlossenen Kanalsy-s-tem abzusaugen und über die Konditionierungseinrichtung und die Druckrohrleitungen durch das Filterbett zu fördern. Er wird am günstigsten vor dem Befeuchter angeordnet, da er die Abluft um 2...3 K erwärmt und nach der Befeuchtung eingebaut die relative Feuchte der Abluft senken würde. Eingesetzt werden Mitteldruckventilatoren in Industriebauart, wobei auf Dichtheit zu achten ist. Als Werkstoff reicht im allgemeinen Kohlenstoffstahl, wenn nicht in der Abluft stark korrosive Komponenten (H_2S, NH_3, o.ä.)

vorkommen. In diesen Fällen muß über den Einsatz von Edelstahl oder Kunststoff nachgedacht werden. Gleiches gilt für das Rohr- bzw. Kanalsystem: auch hier ist in der Mehrzahl der Fälle verzinktes Stahlblech ausreichend.

Einem Gesichtspunkt sollte besondere Aufmerksamkeit gewidmet werden: der Anpassung des Ventilators an das Gesamtsystem. Hier hat sich der Einsatz eines Frequenzumformers zur Drehzahlregelung zusammen mit einem ausreichend bemessenen Drehstrommotor als ausgezeichnete Lösung erwiesen. In Zusammenhang mit einer Unterdrucksteuerung lassen sich alle Schwierigkeiten wie Schwachlastbetrieb, wechselnde Abluftmengen oder mit der Betriebsdauer steigender Filterwiderstand problemlos lösen.

– Da bei der Befeuchtung der Abluft eine adiabate Abkühlung auftritt, ist eine Vorwärmung erforderlich, falls nicht von vornherein eine höhere Abluftemperatur vorliegt. Zum Einsatz können hier alle Heizmedien kommen, d.h. Warm- oder Heißwasser oder Elektroenergie.

Selbst bei einer Luftbefeuchtung mittels Dampf ist eine Vorheizung notwendig, wenn die Abluft nicht eine Mindesttemperatur von etwa 16°C aufweist: da die Mischungsgrade in i-x-Diagramm bei Sattdampf von 1...2bar nahezu eine Waagerechte ist, wird dann schon bei relativ geringer Befeuchtung das Nebelgebiet erreicht.

– Für die Befeuchtung haben sich drei Varianten durchgesetzt:
  - Luftwäscher, wie sie auch in der Klimatechnik eingesetzt werden. Hierbei ergeben sich jedoch gegenüber Klimaanlagen größere Baulängen, da zur Erreichung einer Abluftfeuchte > 90% sehr hohe Befreuchtungswirkungsgerade erforderlich sind [5.7]
  - Industriebefeuchter als Zentrifugalbefeuchter, die auf Grund ihrer begrenzten Zerstäuberleistung (20...50kg/h) nur für kleinere Anlagen in Frage kommen [5.8]
  - Dampfluftbefeuchter, die jedoch den Einsatz von Weichwasser (<3°dH) voraussetzten da sonst durch Kalkablagerungen trotz vorgesehener automatischer Absalzung mit erheblichen Störungen zu rechnen ist. Falls betriebsseitig Dampf zur Verfügung steht, kann dieser mittels handelsüblicher Dampflanzen zur Befeuchtung benutzt werden.

Befeuchtungseinrichtungen, gleich welcher Art und Bauart, sollten immer vom Hersteller oder einem erfahrenen Verfahrenstechniker für den speziellen Anwendungsfall ausgelegt sein, da die Befeuchtung von Abluft auf mehr als 90% relativer Feuchte doch einen erheblichen technischen Aufwand erfordert.

5.1.5 Messen und Regeln

– Unabdingbar für den störungsfreien Betrieb sind die Meß- und Regeleinrichtungen. Folgende Meßgrößen sollten erfaßt und ggf. registriert werden:
  - Abluftemperatur und -feuchte, wobei zu bemerken ist, daß die handelsüblichen Feuchtefühler in dem für Biofilteranlagen interressanten Bereich (>90%) meist nicht sehr präzise Meßwerte liefern,
  - Unterdruck vor dem Ventilator
  - der Filterwiderstand, gemessen unmittelbar vor dem Biofilter als Differenzdruck gegen Atmosphäre
  - die Abluftmenge

Die Messung der Filterfeuchte hat sich als sehr problematisch erwiesen: alle Feuchtmeßgeräte für Schüttgüter messen die Luftfeuchte in den Hohlräumen, die für ruhende Luft in einem echten Zusammenhang mit der Materialfeuchte steht. Da im Biofilter jedoch ständig nahezu gesättigte Luft nachströmt, ist dieser Zusammenhang nicht gegeben, so daß Fehlmessungen unausweichlich sind.

Auch speziell für diesen Zweck geschaffene Temperaturfühler führen, wie Erfahrungen gezeigt haben, meist zu wenig befriedigenden Ergebnissen, hier scheint die Materialstruktur einen höheren Einfluß auf die Messung als die Materialfeuchte zu haben.

Neben der oben erwähnten Unterdrucksteuerung des Ventilators sollten eine Regelung der Ablufttemperatur und -feuchte vorgesehen werden.

Ein Beispiel für eine anspruchsvolle MSR-Austattung ist ebenfalls in Bild 5-7 dargestellt.

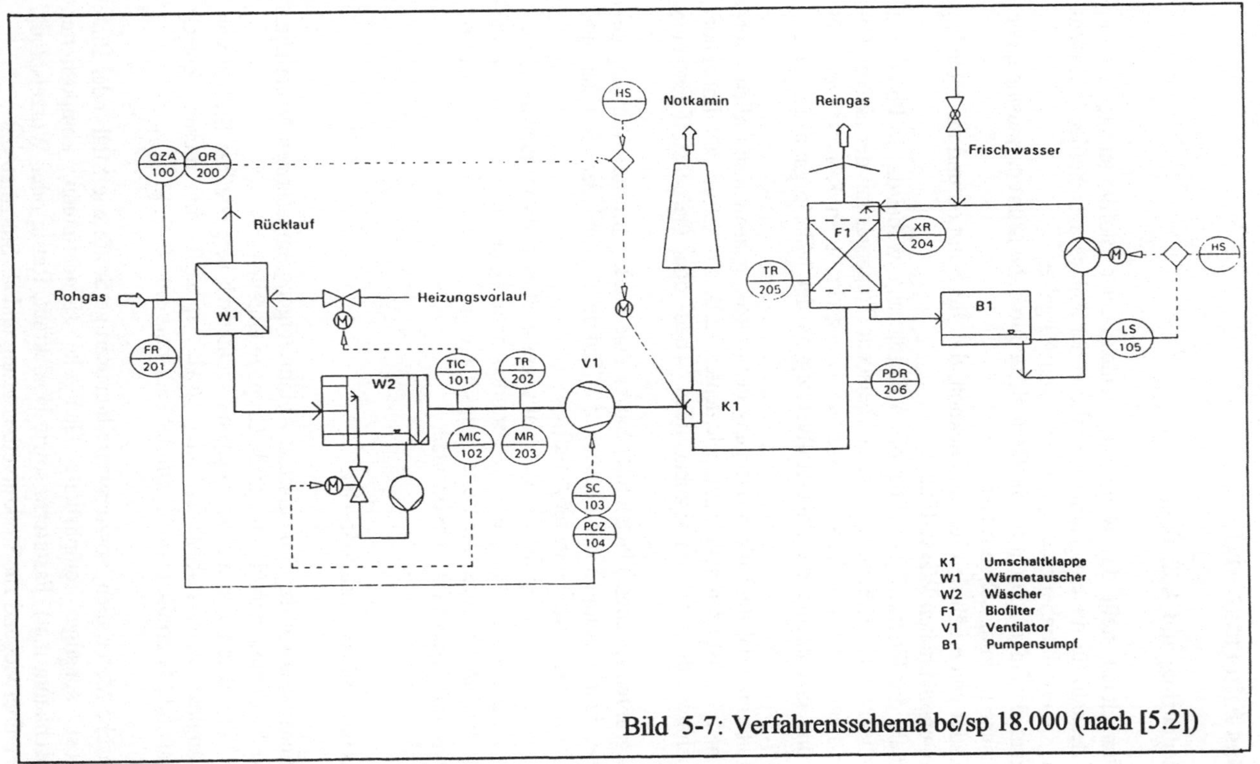

Bild 5-7: Verfahrensschema bc/sp 18.000 (nach [5.2])

5.2 Das Filtermaterial

5.2.1 Bedeutung und Aufgaben

Die Filterschicht stellt das wichtigste Element einer Biofilteranlage dar, ihr
kommt deshalb für die einwandfreie Funktion der Anlage entscheidende Bedeu-
tung zu. Sie erfüllt dabei eine ganze Reihe von Aufgaben:
- Sie dient als Trägerschicht für die Besiedlung durch die Mikroorganismen, den
  sogenannten biologischen Rasen.
- Sie bindet und erhält den für die Funktion, d.h. für Sorption und mikrobiellen
  Abbau unerläßlichen Wasserfilm.
- Innerhalb der Filterschicht erfolgt die Abluftführung, wobei das in Poren und
  Zwischenräumen strömende schadstoffbeladene Trägergas mit der aktiven Filteroberfläche, d.i. die flüssigkeitsseitige Grenzschicht, in Kontakt gebracht
  wird und gleichzeitig die Sauerstoffversorgung der Mikroorganismen garantiert wird.
- Das Filtermaterial muß die Versorgung der Mikroorganismen mit allen erforderlichen Nährstoffen und Spurenelementen (z.B. Stickstoff und Phosphor)
  übernehmen, die nicht im abzubauenden Schad- oder Geruchstoff enthalten
  sind.
- Beim großtechnischen Flächenfilter hat es eine stark puffernde Wirkung gegenüber Schwankungen der Feuchte, der Temperatur und der Geruchs- und
  Schadstoffkonzentration in der Abluft
- Es dient der Ernährung der im Material angesiedelten Mikroorganismenpopu-
  lation in Stillstandszeiten, d.h. in Perioden ohne Subtratenzufuhr durch die
  Abluft, um ein Absinken der Besiedlungsdichte (10^7 bis 10^{10}/g TS je nach Art
  und Zusammensetzung) zu vermeiden.

5.2.2 Arten und Auswahlkriterien

Die üblicherweise in der Biologischen Abluftreinigung eingesetzten Materialien
lassen sich vereinfachend in drei große Gruppen einteilen:
- inerte Filtermaterialien aus überwiegend synthetisch hergestellten Stoffen wie
  Schaumglas, Kunststoffwürfel u.ä. sowie speziell für diesen Zweck
  hergestellte Materialien wie *Vamfil* der Fa. *Comprimo* B.V. [5.9]

- organische Materialien, vorzugsweise humusartige Stoffe wie Müll- oder Biokompost, sonstige kompostierte Gemische (Rindermulch, kompostierter
  Belebschlamm u.a.), Fasertorfe sowie Heidekraut, Reisig oder Wurzelspleiß,
  letztere überwiegend zur Strukturverbesserung und als Stützmaterial

– modifizierte Mischungen, die zu etwa 80% aus einem organischen Grundmaterial (Kompost o.ä.) bestehen, dem zur Strukturverbesserung und als Stützmaterial bis zu 20% eines inerten körnigen Materials entweder aus Naturstoffen (Vulkanschlacke, Blähton oder Bimstein) oder Kunstoffen (z.B. Styropor) zugegeben wird.

5.2.2.1 Kriterien für die Wahl von Filtermaterialien

Für die Auswahl des Filtermaterials für einen konkreten Anwendungsfall sind neben allgemeinen Kenntnissen über die biologischen und verfahrenstechnischen Probleme eines Biofilters reiche praktische Erfahrungen erforderlich. Im Zweifelsfall wird eine Pilotanlage, eventuell mit verschiedenen Materialien im Parallelbetrieb, meist eine optimale Wahl des Filtermediums ermöglichen.
Die nachstehenden Ausführungen, die auf der Auswertung umfangreicher Erfahrungsberichte sowie auf langjährigen eigenen Erfahrungen (speziell für größere Flächenfilter) basieren, sollen Anregungen für eigene Versuche darstellen.

Neben den aus den im Abschnitt 5.1.1 postulierten Aufgaben des Filtermaterials resultierenden Anforderungen können die folgenden Kriterien zur Beurteilung eines Filtermaterials herangezogen werden:

– Porosität
Damit eine ausreichende Versorgung der Mikroorganismen mit Sauerstoff gewährleistet wird, muß das Filtermaterial ein ausreichendes Lückenvolumen aufweisen, im Mittel zwischen 40 und 60% Der Porendurchmesser sollte vorzugsweise im Bereich von 100µm liegen.

– wirksame Oberfläche
Zur Erreichung hoher spezifischer Abbauleistungen (g Substrat/m^3 Filtermaterial · h) ist eine große spezifische Obefläche notwendig. Damit werden sowohl eine große Besiedlungsdichte der Mikroorganismen als auch eine große Grenzschichtfläche zwischen strömenden Gas und dem die Oberfläche des Filtermediums umschließenden Wasserfilm erreicht und damit ein hoher Stofftransport garantiert.

– Homogenität
Eine gleichförmige Struktur von Grund- und Stützmaterial ist die Voraussetzung für eine gleichmäßige Durchströmung des Filterbetts

– Wasserhaltung
Für die gleichmäßige Feuchtigkeit des Filterbetts ist eine gute Wasserhalte-
fähigkeit eine wichtige Voraussetzung

– technologische Kriterien, wie
  * Standzeit,
  * Eigengeruch
  * Entsorgungsmöglichkeit
die keinesfalls unterschätzt werden sollten und bei sonst gleichwertigen Materialien durchaus den Ausschlag für das eine oder andere Filtermaterial geben
können.

– Kosten
Selbstverständlich sind die spezifischen Kosten in vielen Fällen der
entscheidene Faktor für die Materialauswahl. Hier sollte man beachten, daß
ein reiner Materialpreisvergleich oft ein falsches Bild ergibt, da unter
Umständen die Transportkosten sowie der Aufwand für das Handling, d.h. für
Umschlag und Einbringung den eigentlichen Einkaufpreis weit überschreiten
können.

5.2.2.2 Einteilung und Eigenschaften

Geht man von diesen Aufgaben und Kriterien für den Einsatz der unterschied-
lichsten Filtermaterialien aus, so ergeben sich folgende grobe Einteilungen:

– inertes Material
Da dieses die Aufgaben der Versorgung der Mikroorganismen mit Zusatznähr-
stoffen und Spurenelementen nicht übernehmen kann, müssen dem
Trägermaterial und damit den darauf immobilisierten Mikroorganismen diese
in Form einer Nährlösung zugeführt werden [5.10] Damit ist der Einsatz des
inerten Material für das Prinzip des Biotropfkörpers (Rieselbettreaktor) sehr
gut geeignet. Da auch das Wasserhaltevermögen oft nicht sehr groß ist, muß
sowieso meist eine zusätzliche Bedüsung erfolgen, über die die Nährstoffe
problemlos zugeführt werden können.
Dieses Verfahren ist besonders geeignet, wenn End- oder Zwischenprodukte
(Metaboliten) zu erwarten sind, die den pH-Wert des Filterbettes nach der sauren oder alkalischen Seite hin beeinflussen, z.B. beim Abbau von chlorierten
Kohlenwasserstoffen, Schwefelverbindungen oder bei ammoniakhaltigen
Abgasen. In diesen Fällen läßt sich der gewünschte und ggf. durch Versuche
ermittelte pH-Wert durch Säure- bzw. Laugenzugabe im Düsensystem leicht
einstellen.

Die oft aufwendig hergestellten synthetischen Filtermaterialien sind bei einer ganzen Reihe von Herstellern im Einsatz, aus Geheimhaltungsgründen ist über ihren Aufbau und ihre Zusammensetzung meist wenig oder nichts zu erfahren.

Hier soll eine Auswahl vorgestellt werden, die jedoch von der Verfügbarkeit der Information abhängig war und deshalb unvollständig und wahrscheinlich auch nicht repräsentativ ist:
– *Helatrop* der Firma Herbst Umwelttechnik, für das eine spezielle Nährlösung unter dem Namen *Helamet* angeboten wird [5.11]

– Das Fattinger- Biosorbens besitzt eine körnige Struktur. Die Körner besitzen einen Kern aus hydrophilem Material mit poröser Struktur z. B. aus Gasbeton, Bimsstein oder Blähton. In diesen Poren siedelt man die Mikroorganismen an, bevor auf den Kern eine Hülle aus Aktivkohle aufgebracht wird.
Diese Hülle soll zwischenzeitliche Konzentrationsspitzen adsorptiv binden, die dann zeitversetzt abgebaut werden sollen [5.12]

– Aus einschlägigen Veröffentlichungen sind eine Vielzahl von weiteren Anwendungen inerter Filtermaterialien bekanntgeworden, von denen einige in Tabelle 5-1 aufgeführt sind.

Tabelle 5-1: Einsatzfälle inerter Biofiltermaterialien

Filtermaterial	Einsatzfall	Referenzen	
Schaumglas	Druckfarbenherstellung	Herlitzius	[5.13]
Aktivkohle	Abbau von Ethylacetat	Kirchner	[5.14]
Polymere (Kalziumalginat)	Abbau von Vinylchlorid	Tramper u. Hartmann	[5.15] [5.17]
Aktivkohlegranulat	Lösemittel	Bernhardt	[5.16]

– organisches Filtermaterial
Im Gegensatz zu den Inertmaterialien können die organischen Filterbetten auch die Versorgung der Mikroorganismen mit den Stoffen, die sie neben Kohlenstoff benötigen (u.a. Stickstoff, Phosphor und Spurenelemente) aber nicht aus den Abgasen bekommen können, übernehmen.
Deshalb ist eine zusätzliche Nährstoffversorgung nicht erforderlich, was diese Materialien für den Bioflächenfilter hervorragend geeignet macht.
Es können zwei große Gruppen organischer Filtermaterialien unterschieden werden:

* Komposte unterschiedlicher Herkunft wie Müll-, Grünschnitt- oder Biokompost, die zur Strukturverbesserung zum Teil mit organischen Zuschlägen (Reisig, Heidkraut o.ä.) versetzt sind sowie
* unverrottete eher holzartige Materialien wie Wurzelspleiss, Baumrinde, gehackselte Äste und Zweige.

Anwendungstechnisch sind erstere für den Abbau von höheren Schadstoffkonzentration geeignet, während das Hauptanwendungsgebiet der letzteren in der Geruchsbeseitigung liegt.

Tabelle 5-2 gibt einen Überblick über den Einsatz organischer Filtermaterialien.

Tabelle 5-2: Einsatzfälle rein organischer Filtermaterialien

Filtermaterial	Einsatzfall	Referenzen
Bio-/Grünschnittkompost mit Holzbestandteilen	Siebdruckerei	[5.2]
Torf	Biogasreinigung	[5.19]
Rindenkompost mit Heidekraut	Gießereiabluft nach Vorwäschen	[5.18]
Fasertorf mit Heidekraut	Geruchsbeseitigung	[5.20]

– modifizierte Mischungen

bestehen, wie bereits erwähnt, zu etwa 80% aus einem Kompostmaterial, dem ca. 20% eines inerten Materials beigemischt werden. Aufgabe dieses sogenannten Stützmaterials ist vor allem die Strukturverbesserung, die folgende Vorteile für den Betrieb eines Flächenfilters ergibt:
* bessere Durchströmung und damit geringer Widerstand
* Stabilisierung des Filtermaterials, daß das Auftreten von Makrorissen verhindert. Ottengraf z.B. erreichte durch eine vollständige Durchmischung von Kompost mit Inertmaterial (d = 3...10 mm), daß an Stelle von größeren nur Mikrorisse (bis maximal Partikeldurchmesser) auftraten.
* Verminderung der Verdichtung des Filterbettes mit fortschreitender Verrottung und damit eine Verlängerung der Standzeit, da das Stützmaterial nahezu unverändert bleibt.

Neben diesen Vorteilen, die für alle inerten Stützmaterialien gelten, haben einige Materialien, die eine ausgesprochen poröse Struktur besitzen, wie z.B. Vulkanschlacke und Lava oder Bims, noch den Vorteil, daß sie erheblich zur Wasserhaltung beitragen und damit den Wasserhaushalt des Filterbettes bei Schwankungen der Abluftfeuchte stabilisieren.

Diese Möglichkeit ist bei unstrukturierten Materialien wie z.B. Styropor nicht gegeben.

Nachstehend werden in Tabelle 5-3 eine Reihe von Flächenfiltern mit ihren technischen Daten aufgeführt, deren Filterbetten mit derartigen porösen Stützmaterialien versetzt wurden.

Tabelle 5-3: Einsatzfälle modifizierter organischer Filtermaterialien (nach [5.2])

Baujahr	Luftmenge	Standort	Einsatzfall	Filtermaterial	Stützkorn
1991	4.000 m³/h	Leuna	Entsorgung von Abluft aus einem Bioreaktor	Müllkompost 8 ... 16 mm	Vulkanschlacke 8 ... 16 mm
	4.000 m³/h	Landsberg/Halle	Lackiererei	– " –	– " –
1992	2.500 m3/h	Münchehagen	Geruchsbeseitigung bei Erkundungsbohrungen bei Altlasten	– " –	– " –
	12.000 m³/h	A-5081 Anif	Abbau diverser Lösungsmittel aus Siebdruck	– " –	– " –
	7.500 m³/h	Braunschweig	Abbau div. Lösungsmittel aus Siebdruckfarben	Mulchkompost 12 ... 20 mm	– " –
1993	18.000 m³/h	Graben-Neudorf	Abluft aus Lackherstellung, der Behälterwäsche usw.	– " –	
	7.500 m³/h	A-5206 Thalgau	Abbau div. Lösungsmittel aus Siebdruck	Spezialkompost	Bims
	30.000 m³/h	Neckarsteinach	Abbau von Tetrahydrofuran (C_4H_8O) und verschiedener Acrylate	Mulchkompost 12 ... 20 mm	Vulkanschlacke 8 ... 16 mm
1994	12.000 m³/h	Leuna	Pendelgasse aus Lagertanks mit kontaminiertem Grundwasser	– " –	

5.2.3 Die Temperaturverhältnisse

Der zulässige Temperaturbereich für ein biologisches Verfahren ist durch den
Bereich des bakteriellen Wachstums begrenzt, das sich nach *Schlegel* [5.22]
innerhalb folgender Grenzen bewegt:

Bakteriengruppe	Temperaturoptimum [°C]
psychrophil	15...30
mesophil	20...45
thermophil	55...75

Daraus ergibt sich, daß der optimale Bereich für eine biologische Abluftreinigung bei etwa 15 ... 45°C liegt, ein Wert, der unter Berücksichtigung normaler
Betriebsverhältnisse ohne zusätzlichen Aufwand erreicht wird, wenn bei adiaba-
ter Befeuchtung der Temperaturabfall ggf. durch Vorwärmung kompensiert
wird.
Da jedoch die Geschwindigkeit der bakteriellen, d.h. biochemischen Reaktion
von der Temperatur beeinflußt wird, soll hier noch kurz auf das Problem einer
Temperaturoptimierung des Prozesses eingegangen werden:
Ebert [5.21] gibt an, daß der Temperatureinfluß auf die Reaktionsgeschwindigkeit enzymkatalysierten biochemischer Reaktionen aus zwei gegenläufigen
Anteilen besteht:
– so steigt mit steigender Temperatur die Enzymaktivität,
– während bei Erreichen einer für den Bakterienstamm charakteristischen Grenz-
   temperatur eine zunehmende Inaktivierung (Denaturierung) erfolgt.

Jedoch macht sich bei steigenderAblufttemperatur ein negativer Effekt bemerkbar:
Wie im Abschnitt 3.2.2.1 dargestellt, erfolgt die Absorption der Geruchs-
und/oder Schadstoffe aus dem strömenden Abgas an den Flüssigkeitsfilm des
Filterbettes nach der bekannten *Henry'*schen Beziehung (3.16), die die Lage der
Geschwindigkeitslinie bestimmt. Nun ist aber der sogenannte *Henry*-koeffizient
temperaturabhängig, d.h. er wird mit steigender Temperatur größer. Damit wird
die Steigung der Geschwindigkeitsgeraden steiler und damit der Prozeßpunkt zur
Gasphase hin verschoben, d.h. eine Temperaturerhöhung wirkt sich ungünstig
auf den Absorptionsprozeß und damit auf die Abbauleistung des Filterbettes aus.

Da wegen der Gegenläufigkeit beider Phänomene hier ein Optimum erwartet
werden kann, sollte dieser Problematik bei eventuellen Pilotversuchen für großtechnische Anlagen die gebührende Aufmerksamkeit geschenkt werden.

5.2.4 Die Feuchtigkeit des Filtermaterials

Wie bereits im Abschnitt "Verfahrensbeschreibung" dargestellt, ist eine richtige Wasserversorgung eine unabdingbare Voraussetzung für die einwandfreie Funktion einer Biofilteranlage. Ausreichende Feuchtigkeit ist nicht nur für die Sorption der Schad- bzw. Geruchsstoffe und den mikrobiellen Prozeß der Metabolisierung erforderlich (bei zu niedriger Feuchte wird die Aktivität stark herabgesetzt), sondern verhindert auch eine Rißbildung im Filterbett und damit eine ungleichmäßige Durchströmung.

Allerdings ist auch ein zu hoher Feuchtigkeitsgehalt (oft nur verursacht durch fehlendes Hohlraumvolumen) problematisch: in diesen Zonen, die ungenügend belüftet werden, treten häufig anaerobe Prozesse auf, deren Produkte (H_2S, NH_3 u.a.) dann mit der gereinigten Abluft den Filter verlassen und mit ihrem Eigengeruch den Erfolg des biologischen Reinigungsprozesses zunichte machen bzw. schmälern.

Der allgemein in der Literatur verwendete Begriff der Feuchtigkeit ist an sich irreführend: es handelt sich vielmehr um den Wassergehalt des Filtermaterials, vergleichbar dem in der Bodenkunde gebrauchten Begriff des Bodenwassers.

Hierunter wird der Wasseranteil verstanden, der durch Trocknung bei 105°C ausgetrieben werden kann und der gravimetrisch bestimmt wird.

5.2.4.1 Die Bindung des Wassers im Filterbett

Das Wasser in den Poren des Filtermaterials unterliegt Bindungen, die aus dessen spezifischen Eigenschaften resultieren, es wird auch als Haftwasser bezeichnet.

Der Wasseranteil, der gegen die Schwerkraft im Filtermaterial verbleibt, wird sowohl durch zwischen den festen Bestandteilen und den Wassermolekülen wirkende Kräfte als auch durch zwischen den Wassermolekülen selbst wechselwirkende Kräfte im Filterbett festgehalten.

Nach der Art dieser Kräfte können bei diesem Wasser zwei Anteile unterschieden [5.23] werden
– Das Adsorptionswasser wird durch die zwischen den Festkörpern und den Wassermolekülen wirkenden van der *Walsschen* Kräfte sowie die elektrostatischen Felder gehalten, während die Bindung der absorbierten Wassermoleküle untereinander über H-Brücken erfolgt.
Die ersten Molekularschichten des Absorptionswassers unterliegen dabei einer außerordentlich hohen Bindung an die Oberfläche des Bodenkorns, die mit zunehmender Dichte des Wasserfilms jedoch stark abnimmt.

– Das Kapillarwasser beruht auf der Bildung von stark gekrümmten Wassermenisken am Filtermaterial, verursacht durch die Tendenz zur Minimierung der
Grenzfläche zwischen Wasser und Luft (Kapillarkondensation).
Das derart gebundene Wasser hat gegenüber freiem Wasser eine höhere Oberflächenspannung und deshalb einen niedrigeren Dampfdruck. Diese Dampfdruckerniedrigung wird um so größer, je kleiner der Kapillardurchmesser ist.
Die Kapillarkondensation hat für den Betrieb eines Biofilterbettes auch eine
große praktische Bedeutung, wie im folgenden Abschnitt gezeigt wird.

5.2.4.2 Die Kapillarkondensation

Entgegen landläufiger Meinungen verläßt die Abluft den Biofilter in der überwiegenden Zahl der praktischen Fälle nicht wasserdampfgesättigt. Praktische
Messungen in einer Vielzahl von Versuchen haben vielmehr ergeben, daß die
relative Feuchte je nach Temperatur zwischen 75 und 90 % lag.
Damit kann auch die Behauptung widerlegt werden, daß auf Grund exothermer
Vorgänge im Filterbett, d.h. der Absorption und der biologischen Oxidation
zwangsläufig eine Austrocknung des Filtermaterials erfolgen muß.
Dieser Vorgang wird durch die sogenannte Kapillarkondensation hervorgerufen.
Sie beruht auf der Wirkung von Adsorptionskräften in den Mikro- und
Mesoporen des Filtermaterials. Diese führen in den Kapillaren zu einer
Dampfdruckerniedrigung, die eine Kondensation des Wasserdampfes in der
Abluft oberhalb deren Kondensationstemperatur bewirkt.
Auf Grund dieses Mechanismus ist es möglich, daß sich die absolute Feuchtigkeit der Abluft zwischen Filterein- und -austritt nicht erhöht oder sogar absinkt.
Damit ist der Betrieb eines Biofilters, der mit (nahezu) gesättigter Abluft beaufschlagt wird, ohne Zusatzbefeuchtung möglich, ohne daß das Filterbett austrocknet, d.h. eine Befeuchtung der Abluft bis nahe an die Sättigung (z.B. in einem Luftwäscher) reicht völlig aus.
Lediglich an heißen Sommertagen kann die dann einsetzende starke Oberflächenverdunstung eine zusätzliche Bewässerung der Filteroberfläche erforderlich
machen (s. auch 5.2.9).

5.2.5 Anströmgeschwindigkeit, Schütthöhe und Druckverlust

Durch die Parameter des Filterbettes wie Struktur des Filtermaterials und damit
seinem spezifischer Widerstand, Schütthöhe sowie die gewählte Anströmgeschwindigkeit (auch als Filterflächenbelastung bezeichnet) wird der Druckverlust des Abgasstroms im Biofilter und damit ein Großteil seiner Betriebskosten
bestimmt.

Deshalb sind bei der Planung und Errichtung eines Biofilters alle Maßnahmen zu treffen, um eine Optimierung des Filters bezüglich Druckverlust, Verweilzeit und Filtergröße zu erzielen. Dabei sind vor allem folgende Gesichtspunkte zu berücksichtigen:

- Die Filterflächenbelastung sollte im Bereich von 50...150 m3/h je m^2 Filtergrundfläche gewählt werden
- Die Schütthöhe sollte aus Gründen den notwendigen Verweilzeit (s. 5.2.6) nicht kleiner als 0,8...1m sein. Sie sollte jedoch, um den Druckverlust im wirtschaftlich vertretbaren Bereich halten, nicht größer als maximal 2m gewählt werden.
- Das ausgewählte Filtermaterial sollte ein ausreichend bemessenes Hohlraumvolumen besitzen. Dieses ist nicht nur für einen geringen Filterwiderstand, sondern auch für eine gute Sauerstoffversorgung der Mikroorganismen von großer Bedeutung.
- Bei der Planung sind die Voraussetzungen für eine gleichmäßige Durchströmung der gesamten Filterfläche zu schaffen: der Druckverlust bei der horizontalen Durchströmung des Filterunterbaus darf nicht mehr als etwa 5 % des Widerstands beim vertikalen Durchströmen des Filterbetts betragen, um ungleiche Beaufschlagungen der Filterfläche zu vermeiden. Deshalb sollten wegen der geringeren spezifischen Widerstände moderner Filtermaterialien Kiesbetten mit gelochten Rohren, Spaltenböden und Formsteine zur Luftreinigung nicht mehr angewendet werden.
Die Zukunft gehört hier eindeutig dem Druckkammerfilter, bei dem die Verteilungsverluste durch strömungsgünstige Gestaltung in der Größenordnung von wenig Pa gehalten werden können
- Bei der Errichtung des Biofilters ist auf eine sachgemäße Einbringung des Filtermaterials zu achten: Das Material sollte sorgfältig (am besten mit einem Greifer) und aus geringer Höhe eingebracht werden. Auf jeden Fall ist eine Verdichtung unbedingt zu vermeiden, sei es durch Abwerfen aus großer Höhe oder durch Abkippen mittels Schaufellader. Vermindertes Hohlraumvolumen durch unsachgemäßes Handling führt nicht nur zu erhöhten Druckverlusten, sondern birgt auch die Gefahr der Bildung von anaeroben Zonen in sich.

5.2.6 Die Berechnung von Druckverlust und Verweilzeit

Druckverluste in ruhenden Schüttschichten treten bei vielen technischen Prozessen auf, so auch beim Bett des Biofilters.
Der Druckverlust im Filterbett entspricht der allgemeinen Grundgleichung für Rohrströmungen:

$$\Delta p = \frac{h \cdot g \cdot w^2}{dm} \qquad (5.1)$$

worin der Druckverlust p von der Schütthöhe h (analog der Rohrlänge), dem mittleren Korndurchmesser der Filterschicht dm (anstelle des Rohrdurchmessers) sowie der Anströmgeschwindigkeit (Filterflächenbelastung) und der Dichte ϑ des strömenden Abgases abhängig ist.
Da jedoch die Struktur des Festbetts (Kornform und -verteilung), Grenzflächeneffekte (Adhäsion u.ä.) sowie die Entspannung und eventuelle Temperaturveränderungen entlang der Schütthöhe Einfluß auf den Druckverlust haben, und damit Gleichung (5.2) sowie ähnliche Ausdrücke mit relativ großen Fehlern behaftet sind, ist die theoretische Vorausberechnung des Filterwiderstandes sehr ungenau.
Auch allgemeine empirische Gleichungen der Form

$$\Delta p = C \cdot h \cdot w^n \qquad (5.2)$$

wie sie vielfach vorgeschlagen werden, stellen keinen Ausweg dar, wenn die Konstanten in sehr großen Bereichen (C: 1,88 bis 11,77 und n: 1...2) angegeben werden.
Für die praktische Planung sollte man, falls vorhanden, auf eigene Erfahrungen gleichartiger Anlagen zurückgreifen. Für den Einsatz bisher nicht benutzter Materialien oder neuartige Strömungsverhältnisse sollte immer der Aufbau einer Pilotanlage angestrebt werden.
Um die Druckverluste an ausgeführten Flächenfiltern mit Druckkammer zu zeigen, ist in Bild 5-8 die Kennlinie einer Anlage dargestellt.

Die Verweilzeit der Abluft in der Filterschicht beträgt in Abhängigkeit von der Anströmgeschwindigkeit W, der Schütthöhe h und der Porosität ε des Filtermaterials

$$t = \frac{h \cdot \varepsilon}{w} \qquad (5.3)$$

Die nach dieser Formel errechnete Verweilzeit gilt für den Biofilter als idealer Rohrreaktor, wobei das Rohgas als inert betrachtet wird und die unter praktischen Bedingungen auftretenden Einflüsse von behinderter Diffusion so wie der Sorption unberücksichtigt bleiben.
Die mittlere Verweilzeit praktisch ausgeführter Biofilter liegt zwischen 15 und 30 s (bezogen auf $\varepsilon \approx 0,6$ und w=150 m/h bei Schütthöhen zwischen 1 und 2m).

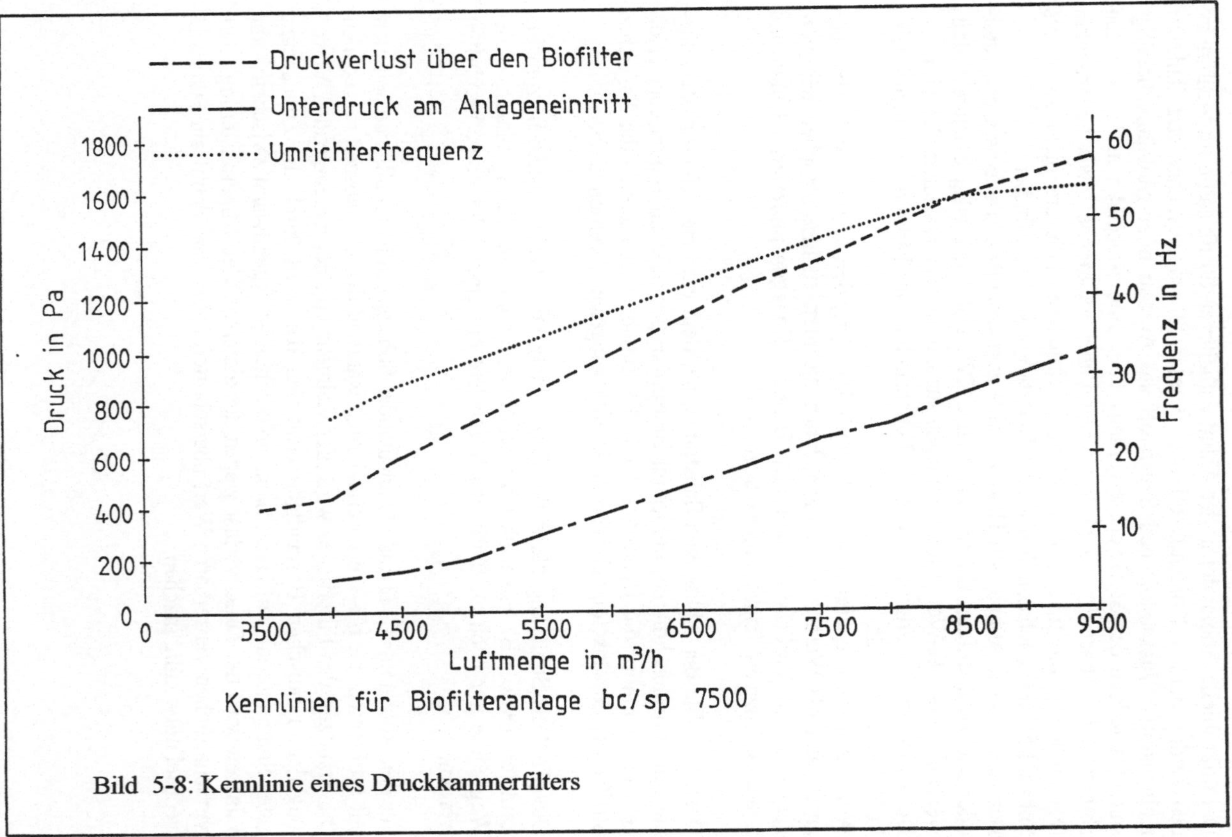

Bild 5-8: Kennlinie eines Druckkammerfilters

5.2.7 Reaktionsprodukte und pH-Wert

Der mikrobielle Abbau der in der Abluft enthaltenen Stoffe sollte im Idealfall zu den Endprodukten Kohlendioxid und Wasser führen, vorausgesetzt daß nur Kohlenstoff, Wasserstoff und Sauerstoff am Aufbau ihrer Moleküle beteiligt sind. Da jedoch der Stoffwechselvorgang über eine Vielzahl von Teilschritten abläuft (s.a. Abschnitt 4.2.1), entstehen dabei zahlreiche Zwischenprodukte (Metaboliten), die u.U. den pH-Wert beeinflussen, falls sie nicht sofort als Substrat für den nächsten Stoffwechselschritt Verwendung finden.
Besonders beim Abbau von Halogenkohlenwasserstoffen sowie von schwefel- oder stickstoffhaltigen Gasen, z.B. von CKW, H_2S oder NH_3 entstehen teilweise extreme pH-Wert-Verschiebungen zur sauren oder basischen Seite hin.
Der pH-Wert des Filtermaterials als Lebensmilieu der Mikroorganismen beeinflußt deren Aktivität:
Während z.B. Schwefelbakterien (Thiobacillus fer.) den sauren Bereich bis hinunter zum pH-Wert 2 bevorzugen, leben die meisten heterotrophen Mikroorganismen mit Vorliebe im neutralen Bereich. Dagegen präferieren Hefen und Schimmelpilze ein leicht saures Milieu.

Deshalb sollte der Abbau von Substraten, bei dem extreme pH-Wert-Verschiebungen auftreten können, besser im Biotropfkörper oder im Biowäscher erfolgen, da hier über die Bedüsung durch die Zugabe von sauren oder basischen Stoffen der gewünschte pH-Wert problemlos eingestellt werden kann.

Die pH-Wert-Steuerung durch die Zumischung von Puffersubstanzen zum Filtermaterial wie z.B. von Kalk wird auf Dauer kaum zum Erfolg führen, dieser Weg sollte nur noch ausführlichen Versuchen mit einer Pilotanlage beschritten werden.

Für den Abbau nur C, H und O enthaltender Substanzen ist im allgemeinen nicht mit Problemen der pH-Wert-Veränderung während der Betriebszeit zu rechnen. Die Standzeit des Filterbettes wird hier vielmehr von der zunehmenden Verrottung der organischen Bestandteile bestimmt, der auch durch die Zumischung guten Stützmaterials auf Dauer nicht aufzuhalten ist. Irgendwann zwischen 3 und 5 Jahren wird der Druckverlust wegen der zunehmenden Mineralisierung einen wirtschaftlichen vertretbaren Wert überschritten haben und damit ein Filterbettwechsel notwendig machen.

5.2.8 Nährstoffversorgung der Mikroorganismen

Ebenso wie ein Wachstum von Mikroorganismen nur in wässriger Phase und bei ausreichendem Sauerstoffangebot möglich ist, sind zur Synthese von Zellsubstanz eine ganze Anzahl von Nährstoffen erforderlich.

Das sind neben dem Kohlenstoff vor allem Stickstoff und Phosphor (C : N : P = 100 : 5 : 1), aber auch eine Anzahl anderer Stoffe und Spurenelemente.

Da bei der biologischen Abluftreinigung der Bedarf an Kohlenstoff im allgemeinen aus den abzubauenden Schadstoffen gedeckt werden kann und Sauerstoff über die Abluft im Überschuß eingebracht wird, stellt sich noch das Problem der Zufuhr vor allem von N und P, die in nennenswerter Menge zum Zellwachstum erforderlich sind:

– während bei Biofiltern mit organischen Filtermaterial hier keine Probleme bestehen (bei Mangel an N und/oder P kann eine einmalige Düngung mit handelsüblichen Material erfolgen)

– muß bei inerten Filtermaterial und bei Biowäschern oder -tropfkörpern für eine kontinuierliche Zufuhr einer Nährlösung gesorgt werden

5.2.9 Die Wartung des Filterbetts während der Betriebszeit

Wir haben in den vorangegangenen Ausführungen die Voraussetzungen aufgezeigt, unter denen das Bett eines Biofilters optimale Bedingungen für einen biologischen Abgasreinigungsprozeß bietet.

Es kommt nun darauf an, diese Bedingungen während der gesamten Betriebszeit nach Möglichkeit aufrechtzuerhalten. Hierbei sollten folgende Gesichtspunkte beachtet werden:

– Die wichtigen Abluftparameter wie Lufttemperatur und -feuchte sollten so konstant wie möglich gehalten werden, um Wassergehalt und Temperatur des Filtermaterials auf Dauer im günstigen Bereich zu halten

– Dabei sollte beachtet werden, daß ein Austrag von Wasser nicht nur über die Abluft, sondern auf durch Verdunstungsverluste unmittelbar an der Filterfläche erfolgt. Dieser Oberflächenverdunstung kommt besonders in den Stillstandszeiten, d.h. nach Betriebsschluß und an Wochenenden, erhöhte Bedeutung zu.

Da Temperatur und relative Feuchte der Luftschicht unmittelbar oberhalb der Filteroberfläche maßgebenden Einfluß auf diesen Vorgang haben, kommt der Verdunstung in der wärmen Jahreszeit und besonders während längerer Trockenperioden erhöhte Bedeutung zu. Es hat sich bei Flächenfiltern als günstig erwiesen, während dieser Zeit die Filteroberfläche mehrmals täglich kurzzeitig anzufeuchten, d.h. für eine Zeit von etwa 3...5 Minuten gleichmäßig zu besprühen.

Bei Durchführung dieser Maßnahme und Befeuchtung der Abluft auf Werte über 90% relative Feuchte werden auch in den Sommermonaten kaum Austrocknungsprobleme auftreten

– Bei der Temperaturführung sollten ebenfalls die äußeren Verhältnisse beachtet werden: Während in den Wintermonaten eine Ablufttemperatur von etwa 20°C nach der Befeuchtung angestrebt werden sollte, reichen im allgemeinen während der warmen Jahreszeit auch 16 ... 17°C noch für einen optimalen biologischen Abbau aus.

– Die Struktur des organischen Filtermaterials wird während der Betriebszeit durch den ablaufenden Verrottungsprozeß beeinflußt: es wird feinkörniger, d.h. dichter. Damit verringert sich das Hohlraumvolumen, da das Material durch die Schwerkraft komprimiert wird.

Durch die dichtere Struktur steigt selbstverständlich der spezifische Druckverlust, d.h. bei sonst unveränderten Parametern sinkt die Durchsatzleistung, da sich der Betriebspunkt des Ventilators bei konstanter Drehzahl auf seiner Kennlinie hin zu kleineren Volumenstrom bei gleichzeitiger Erhöhung des Gesamtdruckverlustes verschiebt.

– Zum Ausgleich für diesen Prozeß wird nun verschiedenen Seiten empfohlen, besonders Kompostfilter während ihrer Standzeit ein -oder mehrmals aufzulockern bzw. umzugraben. Dafür wird der Einsatz von sogenannten Umsetzern, wie sie aus der Kompostiertechnik bekannt sind, vorgeschlagen.

Das bringt selbstverständlich eine gewisse Vergleichmäßigung und Auflockerung und damit Senkung des spezifischen Druckverlustes, ist jedoch unter Umständen mit einem wichtigen Nachteil verbunden: Beim Abbau von Schadstoffgemischen unterschiedlicher Zusammensetzung haben sich oft verschiedene Mikroorganismenpopulationen, die die unterschiedlichen Substanzen abbauen, angesiedelt. Diese Populationen sind oft in Schichten innerhalb des Filtermaterials angeordnet, d.h. es besteht hinsichtlich der Art und Konzentration der verschiedenen Mikroorganismen meist ein Gradient entlang der Schütthöhe, während die Gesamtbesiedlungsdichte über die Filterhöhe nahezu konstant bleibt.

Dadurch hat sich ein optimales Ökosystem entwickelt, das z.B. durch ein Umgraben empfindlich gestört würde. Damit wäre mit Sicherheit mindestens für einen bestimmten Zeitraum ein erheblicher Rückgang der Abbauleistung des Biofilters verbunden.

– Unter Berücksichtigung dieser Gesichtspunkte sollte, falls nicht unvorhergesehene Vorkommnisse (z.B. Enstehung großflächiger anaerober Gebiete) dies unumgänglich machen, auf eine Umschichtung des Filtermaterials verzichtet werden. Vielmehr sollte Wert auf eine gute Strukturierung durch Wahl eines nicht zu feinen organischen Filtermaterials sowie geeigneten (möglichst inerten, jedoch naturbelassenen) Stützmaterials gelegt werden. Dadurch kann über einen langen Zeitraum eine gute Durchströmung und ein tragbarer Druckverlust aufrechterhalten werden, wenn die optimalen Abluftparameter konsequent eingehalten werden.

– Um trotz steigendem spezifischen Druckverlust über die gesamte Standzeit des Filters den erforderlichen Abluftvolumenstroms aufrecht zu erhalten, sollte vielmehr der Einsatz eines Frequenzumrichters in Betracht gezogen werden, der zusammen mit einer Unterdrucksteuerung durch Drehzahlregelung des Ventilators eine konstante Durchsatzleistung über die gesamte Betriebszeit garantiert (s.a. 5.1.4)

– Großer Wert sollte auf eine ständige Beobachtung des Filtermaterials gelegt werden, um sich langfristig anbahnende Veränderungen rechtzeitig zu erkennen und entsprechende Gegenmaßnahmen einleiten zu können.
Hierbei ist (bei konstantem Abluftvolumenstrom) den Filterwiderstand ein wichtiges Indiz:
Während ein kurzzeitig stark ansteigender Druckverlust auf Verstopfung oder Übernässung hindeutet, ist der plötzliche Rückgang auf eine Rißbildung und/oder Austrocknung des Filterbettes zurückzuführen.
Bei Vernässung des Filterbettes genügt meist eine kurzzeitige Fahrweise mit verminderter Abluftfeuchte (65% bis 70%), so daß sich der Ausgangswert wieder einstellt und die Feuchte erneut auf > 90% eingestellt werden kann.

Dagegen sollte bei zu trockenem Filterbett sehr vorsichtig gegengesteuert werden: Zunächst sollte die Abluftfeuchte auf einen Maximalwert eingestellt werden und die Oberfläche kurzzeitig besprüht werden. Außerdem sollte kontrolliert werden, ob die Belastung von $150 m^3/h$ Abluft je m^3 Filtermaterial, bedingt durch den Abfall des Filterwiderstands nicht unzulässig überschritten wird und diese gegebenenfalls zurückgenommen werden, bis sich wieder Normalwerte von Feuchte und Druckverlust eingestellt haben.

– Bei Kompostfiltern macht sich nach Inbetriebnahme oft ein erheblicher Pilzbewuchs bemerkbar. Das ist auf die Tatsache zurückzuführen, daß im frischen Kompost oft zahlreiche Pilzsporen vorhanden sind und ist unbedenklich. Der Bewuchs geht mit der Zeit meist völlig zurück.

Bei offenen Filtern werden, auch wenn sie mit einem Wetterschutzdach versehen sind, durch Luftströmungen. oft Samen eingetragen, was zum Bewuchs mit Grünpflanzen führen kann. Da hier durch die Bewurzelung eine Veränderung der Filteroberfläche auftreten kann, sollten sie von Zeit zu Zeit entfernt werden. Hierbei ist eine Verdichtung des Filtermaterials durch geeignete Maßnahmen zu vermeiden.

5.2.10 Die Entsorgung von verbrauchtem Filtermaterial

Trotz sorgfältiger Auswahl von organischen Filtermaterial und Stützkorn sowie optimalen Betriebsbedingungen läßt sich die fortschreitende Verrottung nicht aufhalten, da die Bodenbakterien auch im Filterbett den Mineralisierungsprozeß fortsetzen. Irgendwann (meist zwischen drei und fünf Jahren nach Inbetriebnahme) tritt der Fall ein, daß die Materialstruktur dermaßen schlecht und der Druckverlust derart hoch geworden sind, so daß ein Austausch notwendig wird. Damit ist die Notwendigkeit gegeben, das Material zu entsorgen.

Wenn der Filter einwandfrei betrieben wurde und Substrate abgebaut wurden, die nur Kohlenstoff, Wasserstoff und Sauerstoff enthielten, ist im allgemeinen nicht mit schädlichen Metaboliten (Zwischenprodukten) zu rechnen und das Material ist kein Abfall, sondern stellt einen Wertstoff dar, der z.B. im Landschaftsbau oder als Abdeckmaterial auf Hausmülldeponien Verwendung finden kann.

Bei Abbau von Halogenkohlenwasserstoffen sowie von Schwefel- oder Stickstoffhaltigen Verbindungen tritt jedoch eine Veränderung durch die Einlagerung von Halogenverbindungen, Sulfaten oder Nitraten ein, die einen derartigen Gebrauch ausschließen (s. auch 5.3.8). Deshalb ist vom Einsatz von organischen Filtermaterial in diesem Fall abzuraten.

In jedem Falle ist beim Filtermaterialwechsel eine Probe zu nehmen, die durch ein bodenökologisches Institut untersucht werden muß.

Erst auf Grund dieses Untersuchungsberichtes kann über den weiteren Verfahrensweg entschieden werden, wobei die in den einzelnen Bundesländer geltenden Bestimmungen zum Teil voneinander abweichen.

5.3 Der Biofilter im praktischen Betrieb

Nachdem der Aufbau und die einzelnen Baugruppen sowie die Problematik des Filtermaterials eingehend untersucht wurden, sollen jetzt mit dem praktischen Betrieb eines Biofilters zusammenhängende Fragen besprochen werden.

5.3.1 Die Auslegung von Biofilteranlagen

Im Gegensatz zu vielen anderen technischen Anlagen, bei den die zu erwartenden Betriebsergebnisse theoretisch genau vorausberechnet werden können und die bei exakter Planung und Errichtung diese auch mit Sicherheit erreichen, sind beim Biofilter wegen der Einbeziehung lebender Organismen in den technologischen Ablauf eine ganze Reihe von Problemen zu erwarten, die sich oft einer exakten Vorausberechnung entziehen.

Das hat eine ganze Reihe verschiedener Ursachen, von denen hier nur die wichtigsten aufgeführt werden sollen:

– Obwohl für die meisten organischen Verbindungen, insbesondere für die wichtigsten Kohlenwasserstoffe, inzwischen umfangreiche Untersuchungen über ihre Abbauraten vorliegen, können diese immer nur Anhaltswerte für die zu erwartende Wirksamkeit einer neu zu errichtenden Anlage geben. Dies gilt besonders, wenn es sich um Gemische von verschiedenen Stoffen handelt, über die in dieser speziellen Zusammensetzung keine Erfahrungen vorliegen. Es hat sich nämlich gezeigt, daß die Abbauraten in diesen Fällen erheblich, und zwar sowohl nach unten als auch nach oben von denen der Einzelstoffe abweichen können.

– Die tatsächlichen Verhältnisse am vorgesehenen Einsatzort in Bezug auf

  * Abgaszusammensetzung
  * Verunreinigungen (Staub, Aerosole u.s.w.)
  * unterschiedliche Abgasmengen
  * Betriebs- und Stillstandszeiten

  lassen sich meist nur sehr schwer modellieren.

Das gilt in besonderen Maße dann, wenn die anzuschließenden Abluftanlagen bisher nicht existieren, d.h. bei Nachrüstungen von Abluftanlagen oder beim Neubau von Produktionsstätten.

– Deshalb sollte nach Möglichkeit vor der abschließenden Planung großtechni-
scher Anlagen immer der Einsatz eines nicht zu kleinen Pilotfilters
(2000...3000 m³/h) erfolgen, der unter praxisnahen Bedingungen arbeitet. Um
übertragbare Ergebnisse zu erzielen, sollten die Versuche etwa 3 Monate lang
durchgeführt werden, wobei nach einer Adaptionszeit von ca. 4 Wochen die
ersten Messungen erfolgen können.
Der Einsatz eines Pilotfilters bringt außerdem noch folgenden Vorteil: Da das
Filtermaterial an die für die Großanlage zu erwartenden Verhältnisse adaptiert
ist, kann es zur Animpfung des endgültigen Filters benutzt werden.

– Auf der Grundlage der Pilotversuche läßt sich auch die Frage der optimalen
Schadstoffkonzentration für die Großanlage entscheiden, d.h. ob eventuell eine
Aufkonzentration durch Mehrfachnutzung der Abluft oder eine Verdünnung
durch Beimischung z.B. von Raumabluft möglich oder erforderlich ist.
Erfahrungsgemäß liegen die abbaubaren Konzentrationen je nach Stoff
zwischen ewa 300 mg und 2...3 g je m³ Abluft.

– Es kommen manchmal Fälle vor, in den die Abluft aus sehr verschiedenen
Emissionsquellen stammt und mit sehr verschiedenen Schad- und/oder
Geruchsstoffen beladen ist unter den sich auch solche befinden, die sich für
eine biologische Abluftreinigung nicht gut eignen. (s. Abschnitt 2.2.1). Können
diese Quellen einzeln erfaßt werden und ist ihr Anteil am
Gesamtvolumenstrom relativ gering, lohnt es sich meist, diese über ein
konventionelles Verfahren (Abschnitt 2.1) zu entsorgen, um den Hauptanteil
problemlos biologisch reinigen zu können. Bei der Anwendung eines
thermischen Verfahrens läßt sich der Wärmeinhalt dieser Abgase zum
Ausgleich der adiabaten Abkühlung der Biofilteranlage nutzen.

Abschließend läßt sich sagen, daß zur Auslegung und Planung einer
erfolgreichen Biofilteranlage die enge Zusammenarbeit von Mikrobiologen,
Verfahrenstechniken und erfahrenem Anlagebauer eine unabdingbare Voraussetzung darstellt.

5.3.2 Die Voraussetzung für den Einsatz von Biofiltern

Was sind die Voraussetzungen für den Einsatz des Biofilters?
Da der mikrobielle Abbau von Luftinhaltsstoffen nur im wäßrigen Milieu
erfolgen kann, ist die Anwendung der biologischen Abluftreinigungsverfahren
durch die folgenden Bedingungen eingegrenzt:
– Die luftfremden Stoffe müssen durch Sorptionsprozesse in die wäßrige Phase
übertragen werden können.
– Sie müssen mikrobiologisch abbaubar sein.

– Die Abbauprodukte dürfen den biologischen Prozeß nicht (z. B. durch pH-Wert-Änderung) negativ beeinflussen.
– Die mittleren Schadstoffkonzentrationen müssen sich je nach Art der Stoffe zwischen etwa 0,3 und 3 g/Nm³ Abluft bewegen.

Wenn man nun die o. a. Kriterien zugrunde legt, ergeben sich für die Biofilter die folgenden Einsatzgebiete, die von ihm erfolgreich abgedeckt werden können:

• Große Abluftvolumenströme mit relativ geringen Konzentrationen
• Eliminierung von organischen Lösemitteln (Kohlenwasserstoffen), besonders: in Druckereien (Sieb- und Offsetdruck), bei der Lack- und Farbenherstellung, in der chemischen Industrie, in Lackierbetrieben
• Geruchsbeseitigung besonders bei Kläranlagen, Lebensmittelbetrieben und Tierkörperverwertung

Die Schadstoff- und Geruchseleminierung stehen dabei oft in einem untrennbaren Zusammenhang, da z. B. viele organische Lösemittel sehr geruchsintensiv sind und je nach Art des Kohlenwasserstoffs das eine oder andere die maßgebende Größe für das Verfahren sein wird.

Nicht zu empfehlen ist die biologische Abluftreinigung
– bei kleinen Abluftströmen mit sehr hohen Belastungen ($V < 500$ m³/h und $C > 5$ g/m³),
– bei einem hohen Anteil (>15%) an CKW,
– bei FCKW.

Für diese Fälle sollte man sich für ein besser geeignetes Verfahren (TNV/KNV, Aktivkohleadsorption o.ä.) entscheiden.

Ein Nachteil des Biofilters soll nicht verschwiegen werden: Der relativ große Platzbedarf von ca. 6 m² Grundfläche pro 1.000 m3/h Abluft.

5.3.3 Das Betriebsverhalten bei wechselnden Schadstofffrachten

Viele Produktionsprozesse sind dadurch gekennzeichnet, daß bei ihnen der Schadstoffanfall mit der Zeit stark schwankt, während die Abluftmenge konstant bleibt, was zu Konzentrationsschwankungen von teilweise erheblicher Bandbreite führen kann.

Wie verhält sich dabei ein gut funktionierender Biofilter? Die Antwort darauf ist: Er puffert in einem relativ großen Bereich diesen Konzentrationsgradienten ab, d. h., die schwankende Rohgaskonzentration macht sich nur durch relativ geringe Änderungen der Reingaskonzentration bemerkbar.

Die Ursache für die Pufferwirkung des Biofilters liegt im Mechanismus des biologischen Schadstoffabbaus begründet, der aus einer Kombination von Sorption, Stofftransport und Metabolisation besteht: Während das Abgas durch den

Lückenraum des Filtermaterials strömt, diffundieren die Schadstoffe zur Oberfläche des Wasserfilms, der die Oberfläche des Filtermaterials bedeckt. An dieser Phasengrenzfläche werden sie absorbiert und im Flüssigkeitsfilm durch die Mikroorganismen abgebaut.

Für diesen Gesamtprozeß gibt es zwei den Vorgang bestimmende Schritte:
– die Diffusion durch die flüssigkeitsseitige Grenzschicht und
– die Adsorption an die Zellwand mit anschließendem Transport durch die Zellmembran.
Dabei bestimmt der erste Schritt die Geschwindigkeit der Schadstoffaufnahme aus dem Abgas, während der zweite maßgebend für die Umsetzungsgeschwindigkeit der aufgenommenen Substanzen ist.

Die Umsetzungsgeschwindigkeit ist bei ausreichendem Angebot nahezu konstant, die Diffusionsgeschwindigkeit schwankt stark in Abhängigkeit vom Konzentrationsgefälle zwischen Abgas und Wasserfilm. Deshalb wird bei hoher Belastung der Abluft mehr Schadstoff aufgenommen als im gleichen Zeitraum abgebaut wird, ein Teil wird dabei auch zeitweilig an den Filterpartikeln adsorbiert.

Hierdurch ergibt sich die erwähnte Speicherwirkung des Biofilters: Der in Zeiten hohen Anfalls gespeicherte Schadstoff wird bei wieder schwächerer Abluftbelastung von den Mikroorganismen zeitversetzt abgebaut. Damit besteht keine Gefahr einer dauernden Überfrachtung des Filterbettes mit Fremdsubtanzen.

5.3.4 Betrieb und Wartung

– Zum Betriebsregime soll hier folgende Empfehlung gegeben werden, die sich in einer Vielzahl von Fällen in der Praxis bewährt hat:
  Außerhalb des Normalbetriebs, d.h. bei Betriebsstillstand, wird empfohlen, die Anlage mittels der eingebauten Zeitschaltuhr wie folgt zu betreiben:
  In einem Intervall von 4...6 Stunden sollte die Anlage jeweils für 15 Minuten laufen, um die Sauerstoffversorgung der Mikrobiologie zu gewährleisten und anaerobe Zonen im Filtermaterial zu vermeiden. Hierbei ist eine Vorheizung nicht erforderlich, die Befeuchtung sollte jedoch in Betrieb sein.
– Die Wartung des maschinentechnischen Teils der Anlage entspricht z.B. der einer normalen Klimaanlage und soll deshalb hier nicht näher erläutert werden. Die folgenden Hinweise sollen jedoch Beachtung finden:
  • Die Wasserversorgung für das Biofiltermaterial erfolgt über die bis nahe an die Sättigungsgrenze befeuchtete Abluft. Das sollte über weite Strecken des Jahres völlig ausreichen. Für längere Trockenperioden, in denen wegen der geringen Luftfreuchtigkeit erhebliche Verdunstungsverluste an der Filteroberfläche entstehen, sollte eine Beregnungsanlage installiert worden sein.

• In diesen Zeiten sollte ein täglicher Inspektionsgang über den Zustand der Filteroberfläche Auskunft geben. Bei sichtbaren Trockenstellen sollte die Beregnungsanlage eingeschaltet werden.

• Sollten durch eine längere Trockenperiode sichtbare Risse in der Filteroberfläche (spezielle im Randbereich) auftreten, so können diese problemlos durch ein Glätten der Oberfläche (z.B. mit einem Rechen) beseitigt werden.

• Der Bewuchs der Filteroberfläche z. B. mit Pilzkulturen ist unproblematisch. Sollte sich jedoch im Laufe der Zeit ein dichter Pflanzenbewuchs einstellen, der die Durchlässigkeit der Oberfläche beeinträchtigt, wird eine Entfernung erforderlich.

Ein Betreten der Filteroberfläche darf nur auf aufgelegten Bohlen o.ä. erfolgen, weil sonst eine unzulässige Verdichtung des Filterbettes erfolgt.

5.4 Die Wirksamkeit von Biofilteranlagen

Die Wirksamkeit einer Biofilteranlage ist von einer Reihe von Faktoren abhängig, so z.B.
– von den für die Sorption der Luftinhaltsstoffe maßgebenden Konzentrations-, Feuchtigkeits- und Temperaturverhältnissen,
– von der für den bestimmten Reinigungsfall erforderlichen Bakterienpopulation (hieraus resultiert auch die Tatsache, daß Biofilter erst nach einer, manchmal bis zu mehreren Wochen dauernden Adaptionsphase ihre volle Wirksamkeit entfalten, da erst dann die optimale Zusammensetzung durch natürliche Auslese erreicht ist),
– von der Struktur und Feuchtigkeit des Filtermaterials,
– von der Nährstoffversorgung der Mikroorganismen
und anderen Einflüssen.
Diese Vielzahl von Einflußfaktoren gestattet eine exakte Vorausberechnung des zu erwartenden Reinigungseffektes eines Biofilters nicht, dieser läßt sich nur auf der Basis von bereits betriebenen vergleichbaren Anlagen oder, beim geplanten Einsatz für noch nicht exestierende Anwendungsfälle, einer Pilotanlage einschätzen.

5.4.1 Der Zusammenhang zwischen dem physikalischen und dem physiologischen Reinigungseffekt

Dieser Zusammenhang wird durch die sog. *Weber/Fechner*'sche Regel hergestellt:

$$I = K_W \cdot \log \frac{K_1}{K_0} \qquad\qquad (5.4)$$

wonach die Intensität der Geruchempfindung vom logarithmischen Verhältnis der vorhandenen Konzentration K1 des Geruchsstoffes zu der an der Geruchsschwelle Ko ist, während Kw eine Konstante darstellt.

Bröker und *Gliwa* haben nun in [5.24] auf dieser Grundlage ein Diagramm zur Ermittlung des erforderlich physikalischen Abscheidegrades für den Fall dargestellt, daß kein Geruchseindruck mehr empfunden werden soll.

Damit ist die Möglichkeit gegeben, die erforderliche Reinigungsleistung eines Biofilters für einen speziellen Anwendungsfall zumindest abzuschätzen.

5.4.2 In der Praxis erreichte Schadstoffminderungen

Abschließend sollen einige Ergebnisse von betriebenen Anlagen vorgestellt werden, die auf eigenen Messungen oder Messungen zugelassenen Institutionen (gem. §26 BlmSchG) beruhen oder bei Versuchen im halbtechnischen Maßstab ermittelt wurden.

Tabelle 5-4: Abbauleistungen ausgeführter Biofilter (nach [5.2])

Luftleistung (m3/h)	Schadstoffe	Rohgaskonzentration	Wirkungs-grad	Referenz
8.000	1-Methoxy - 2-Propanol Isopropyllacetat	> 200 mg C/m3	95 ... 98 %	[5.25]
12.000	s.w.v.	i. M. 400 mg LM/m^3	97,6 %	[5.26]
1.200	Lösemittelgemisch (ca. 45 % Toluol)	100 ... 300 mg C/m^3	92 %	[5.27]
18.000	Lösemittelgemisch u.a. 20 % Xylol 15 % Butylacetat 6 % Solventnaphta	1085 mg LM/m^3	96 %	[5.2] Meßbericht v. 10.11.93
7.500	Lösemittel aus Siebdruckfarben	900 mg LM/m^3	86,9 %	[5.2] Meßbericht v. 12.10.93
1.000 (Testanlage)	Div. Lösungsmittel aus der Lackherstellung	400...1200 mg LM/m^3 1000..8700mg LM/m^3	93,7 % 95,6 %	[5.2] Meßbericht v. 28.10.93

5.5 Literaturverzeichnis zum Abschnitt 5

[5.1] *Carlson/Leiser*: "Soil Beds for the Control of Sewage Odors"
       Journal WPCF 38 (1966) Nr. 5, S. 829ff

[5.2] Technische Unterlagen der Fa. bc biclean GmbH, D-30900 Wedemark

[5.3] dsgl. Fa. *Braintech*, Aachen

[5.4] dsgl. Fa. *Rottaer*, Leichlingen

[5.5] dsgl. Fa. *Dalsem-Veciap* b.v., Horst./NL

[5.6] *Geo-Data* GmbH Garbsen
       Untersuchungsbericht vom 03.12.93

[5.7] Techn.Unterl.Fa. *Unitech*, Steißlingen

[5.8] dsgl. Fa. *Hygromatik*, Norderstedt

[5.9] dsgl. Fa. *Comprimo* B.V., Zaandam/NL

[5.10] *Bardtke*: "Zur Problematik der Auswahl und des Einsatzes von Filter
       material" *Utech*, Berlin 1991

[5.11] Technische Unterlagen der Fa.
       Herbst Umwelttechnik GmbH, Berlin

[5.12] *Faltinger*: "Abscheidung von Lösungsmitteldämpfen durch Adsorp-
       tion, biologische Oxidation und Gaswäsche" Vortrag ACHEMA'91

[5.13] *Herlitzius*: "Lösungsmittelabscheidung mit biologischen Rieselbettre-
       aktoren in einer Druckfarbenfabrik" VDI-Bericht 1034, Düsseldorf 1993

[5.14] *Kirchner* et al in Chem. Ing.Technik 56 (1984) S.624f.

[5.15] *Tramper* et al. "Collg. Luchtreinigin Utrecht"
       Dutch Ministry of Housing, Planning and Envivonment,
       Leidschendam/NL 1983

[5.16] *Bernhard:* Biologische Abluftreinigung im Festbettreaktor mit adap-
tierten Mikroorganismen"
Tagung "Biologische Reinigung industrieller Abgase", Heidelberg 1987

[5.17] *Hartmann* et al in
Biotechnological Letter 7 (1986)6, S.383f.

[5.18] *Handte*-Informationen Nr.18, Tuttlingen

[5.19] *Forkmann/Neumann*
"Biofilter zur H_2S-Entfernung aus Biogas" UTA 2 (1991) 13-17

[5.20] Technische Unterlagen der Fa.
Tholander, Hemsbach

[5.21] *Ebert:* "Über die reaktionskinetische Behandlung biochemischer Reaktionen" CIT 43 (1971) 1+2, S.50...55

[5.22] *Schlegel:* "Allgemeine Mikrobiologie" Stuttgart 1976

[5.23] *Scheffer* et al : "Lehrbuch der Bodenkunde"
10. Auflage, Stuttgart o.J.

[5.24] *Bröker/Gliwa* "Olfaktometrische Messungen bei Intensivtierhaltun-
gen" Staub-RdL 43 (1983) S.132...135

[5.25] *Mapag* Materialprüfungs GmbH, A-2352 Grumpoldskirchen
Meßbericht v. 19.05.92

[5.26] *Wildengruber*, A-3100 St. Pöllen
Meßbericht v. 24.02.93

[5.27] TÜV Südwest, Freiberg
Meßbericht v. 17.05.93

5.6 Zusammenstellung der im Abschnitt 5 verwendeten Formelzeichen

Δp Druckverlust

h   Schütthöhe des Filtermaterials

w   Anströmgeschwindigkeit (auf die gesamte Grundfläche bezogen)

s   Dichte des Abgases

d_m mittlerer Partikeldurchmesser

t   Verweilzeit

ε Porosität des Filtermaterials

I   Geruchsintensität

K_1 Konzentration

K_0 Geruchsschwellenkonzentration

6 Der Biowäscher

6.1 Die Technologie des Biowäschers

Die im Abschnitt 3.2 dargestellte Verfahrenstechnik hat nun zu einer großen Anzahl verschiedener Ausführungsformen von Biowäschern geführt, auf die im nachfolgenden etwas näher eingegangen werden soll, in dem zuerst die Entwicklung derartiger Anlangen anhand von konkreten Beispielen dargestellt wird sowie in weiteren Abschnitten auf weiterentwickelte moderne Gerätetypen, die patentrechtliche Situation auf dem Gebiet der biologischen Abluftreinigung sowie abschließend auf aktuelle Entwicklungen eingegangen wird.

6.1.1 Typische ältere Ausführungen von Biowäschern

Bei der nachfolgenden Auswahl ausgeführter Biowäscheranlagen wurden nach Möglichkeit charakteristische, technische Lösungen für verschiedene Anwendungsfälle dargestellt.

6.1.1.1 Der Tropfkörperwäscher nach Prüss/Blunk

Diese Anlage stellt wahrscheinlich den Urprung der biologischen Abluftreinigung dar: während der erste bekanntgewordene Biofilter von *Pomeroy* 1953 zum Patent angemeldet und 1957 patentiert worden ist, erhielten *Prüss* und *Blunk* bereits im Jahre 1941 ein Patent auf ein biologisch arbeitendes Verfahren zur "Reinigung von luft- und sauerstoffhaltigen Gasgemischen, die biologisch zerstörbare Riech- und/oder Feststoffe enthalten" [6.1].
Bei diesem Verfahren, dessen Fließschema in Bild 6.1 dargestellt ist, handelt es sich um einen mit 3 m^3 Lavaschlacke gefüllten Tropfkörperwäscher mit einer Höhe von 3,50m, in dem das zu reinigende Gasgemisch mit 645 mg/m^3 H_2S von unten nach oben geführt wird. Dazu wurde vorgeklärtes Abwasser mit einem $KMnO_4$-Verbrauch von 188,5 mg/l im Gleichstrom verdüst.
Hierbei wurde ein doppelter Effekt erzielt:

- während 240 m^3/h Abluft den Wäscher "praktisch geruchsfrei" (Zitat) verließen,
- wurden außerdem 3 m^3/d kommunales Abwasser bis auf einen $KMnO_4$-Verbrauch von 36,5 mg/l gereinigt.

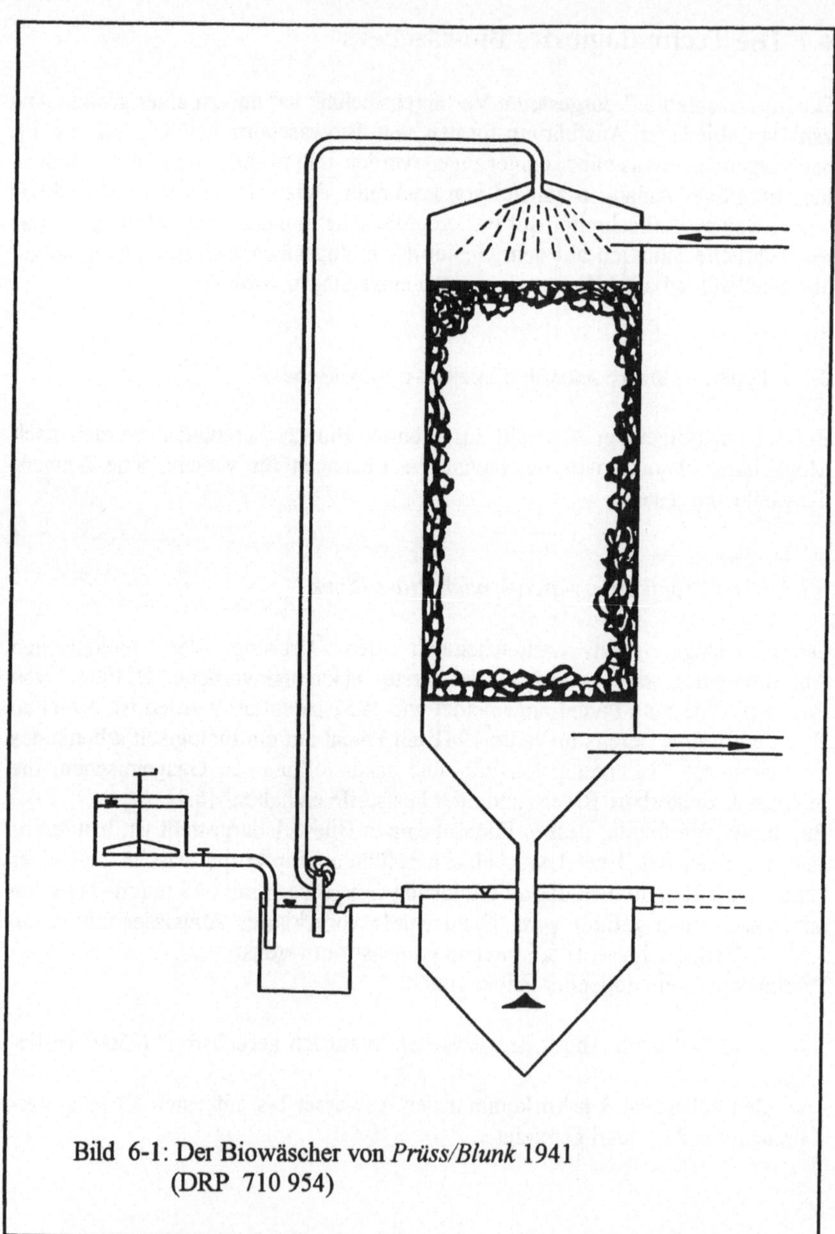

Bild 6-1: Der Biowäscher von *Prüss/Blunk* 1941
(DRP 710 954)

Der entstehende Schlammzuwachs wurde im Absetzbecken abgeschieden. Zur ausreichenden Nährstoffversorgung des biologischen Rasens auf dem Tropfkörper wurde bei Bedarf Nährlösung zudosiert.

6.1.1.2 Der Prallbodenwäscher von Wilfering

Bei dem von *Wilfering* [6.2] im Jahre 1970 zum Patent angemeldeten Biowäscher handelt es sich um einen Prallbodenwäscher, bei dem die Abluft von unten nach oben geführt wird, während im Gegenstrom "... das mit Belebtschlamm versetzte Wasser von oben in den Behälter eingegeben wird und das Wasser und die Luft mittels unter der Wassereingabe liegenden Prallböden intensiv miteinander verwirbelt werden".

Dieser Wäscher wurde zur Desodorierung von Stallabluft eingesetzt, weitere technische Daten waren in der Fachliteratur nicht zu recherchieren, es wurde lediglich bekannt, daß

– die Belebtschlammkonzentration so gewählt wurde, daß bei 10 minütiger Aufenthaltszeit im Belebungsbecken die gesamte Abluftfracht abgebaut wurde und
– bei Bedarf Gülle oder Geflügelkot als Stützsubstrat Verwendung fanden

6.1.1.3 Die Füllkörperanlagen von Beuthe und Müller

In den frühen 70iger Jahren meldeten *Beuthe* und *Müller* ihren Füllkörperwäscher zum Patent an.[6.3]
Er unterschied sich nicht wesentlich von den bisher bekannten Anlagen.
Nach Angaben der Erfinder wurde die Anlage zur Reinigung einer "mit aromatischen Kohlenwasserstoffen und Aldehyd verunreinigten Abluft" genutzt.
Nach Angaben soll die die Rohgaskonzentration 2,5 g/m^3 CSB betragen haben, die im Reingas 0,17 g/m^3 CSB. Das würde einer Reinigungsleistung von 93 % der Rohgasbeladung entsprechen.

6.1.1.4 Großtechnische Biowäscheranlage nach einem niederländischen Patent [6.4]

Diese erste bekannte großtechnische Anlage wurde zur Desodorierung von 50 000 m^3/h Abluft aus einer Tierkörperverwertungsanstalt gebaut.
Sie besitzt einen 2-stufigen Absorber in Form von Sprühwäschern ohne Einbauten, die einen Durchmesser von 2,5 m bei einer Höhe von 5 m besitzen.

Hier die bekannt gewordenen technischen Daten:

– Luftgeschwindigkeit: 2,8 m/s
– Kontaktzeit: 1,4 ... 2 s
– Waschflüssigkeitsmenge (Belebtschlammsuspension)
   1. Stufe: 7,6 m³/h
   2. Stufe: 3,94 m³/h
– Düsendruck: 2 bar
– Reinigungsleistung: ohne genaue Angabe
                   ("Das Reingas war praktisch geruchslos")

Dem Bau dieser Großanlage waren Versuche mit einer Pilotanlage (8 m³ Abluft/h) vorausgegangen.

6.1.2 Die Weiterentwicklung der Apparatetechnik

Während im vergangenen Abschnitt eine Reihe von Biowäschern gezeigt wurde, deren Einzelbestandteile typische Ausrüstungen der Verfahrenstechnik waren, wie sie bei einer Vielzahl verschiedener Prozesse in gleicher oder ähnlicher Form zur Anwendung kommen, soll nun auf einige neuartige Apparate hingwiesen werden, die gezielt für die biologische Abluftreinigung entwickelt wurden.

6.1.2.1 Eine neuartige Hochleistungsanlage nach Brauer [6.5]

In Weiterentwicklung herkömlicher Anlagen wurde eine kleinvolumige Hochleistungsanlage entwickelt. Als Hauptproblem wird die Verfügbarkeit eines von Biomasse weitgehend befreiten Wassers für den Absorptionsprozeß gesehen, was ein sehr leistgungsfähiges Trennsystem erforderlich macht.
Nach *Brauer* lassen sich die Probleme einer derartigen Anlage mit folgenden Apparaten lösen:

– Einer sogenannten Stoffaustauschmaschine als Absorber, die im wesentlichen aus einem Gebläserad mit geschlitzten Schaufeln besteht. Hierdurch wird das Wasser mehrfach zerstäubt und die Stoffübergangszahl um eine Größenordnung gegenüber herkömmlichen Absorbern angehoben.

– einem Hochleistungs-Bioreaktor in Form des aus der Verfahrenstechnik bereits
  bekannten Hubstrahlreaktors, dessen Volumenleistung weit über der normalen
  Belebungsbecken liegt. Sein Prinzip beruht darauf, daß durch die mechanische
  Beanspruchung der Bakterienflocken diese zerteilt werden und die entste-
  henden Einzelbakterien eine sehr große Aktivität besitzen.
– Einem Schnellsedimentationsgerät im Anschluß an den Hubstrahlreaktor zur
  schnellen Flockenbildung und damit wirkungsvollen Abscheidung von
  Biomase aus der Waschflüssigkeit.

6.1.2.2 Der Permeationsreaktor [6.6]

Die grundlegende Voraussetzung für die biologische Abluftreinigung ist die
Wasserlöslichkeit der Schadstoffe. Diese ist bei schwer wasserlöslichen bzw.
leichtflüchtigen Subtanzen nicht von vornherein gegeben, was bei derartigen
Stoffen die Leistungsfähigkeit der biologischen Reinigung erschwert oder sie
unmöglich macht.
Bäuerle, Fischer und *Bardtke* haben nun ein Verfahren entwickelt, daß auch bei
derartigen Stoffen einen mikrobiellen Abbau gestattet soweit sie prinzipiell
abbaubar sind.
Bei diesem Verfahren, als Permeationsreaktor bezeichnet, wird eine
gasdurchlässige Membran verwendet, die die Substanzen aus dem Abluftstrom
entfernt und sorptiv bindet. Von dieser Membran aus wandern sie in eine
benachbarte wäßrige Nährlösung, wo sie von Mikroorganismen abgebaut
werden.
Mit Hilfe dieses Verfahrens gelang es den Verfassern bei Xylol, Dichlormethan
und n-Metanol, die unter üblichen Bedingungen im Wäscher schlecht abbaubar
sind, befriedigende Reinigungsleistungen zu erreichen.

6.1.2.3 Der "Compact Gas Scrubber" [6.7]

Die *Ontario Research Foundation* aus Canada hat 1984 einen "Biological
compact gas scrubber for waste gas purification" beim Europäischen Patentamt
angemeldet, mit dem das aus der Abwassertechnik bekannte Verfahren des
Tauchtropfkörpers in die biologische Abluftreinigung eingeführt wird. (Bild 6-2).
Er besteht aus vier hintereinanderliegende Kammern mit je einem scheibenförmi-
gen rotierenden Tauchtropfkörper ("biocontactor disk", konkrete Abmessungen,
Drehzahl o.ä. sind nicht bekannt).
Die Firma gibt z.B. für Phenol die folgenden Reinigungsleistungen an:
– Rohrgaskonzentration: 6997 ... 984 mg Phenol/m^3
– Reingaskonzentration: 3,54 ... 0,1 mg Phenol/m^3
was einer Reduzierung von ca. 99,9 % entspricht.

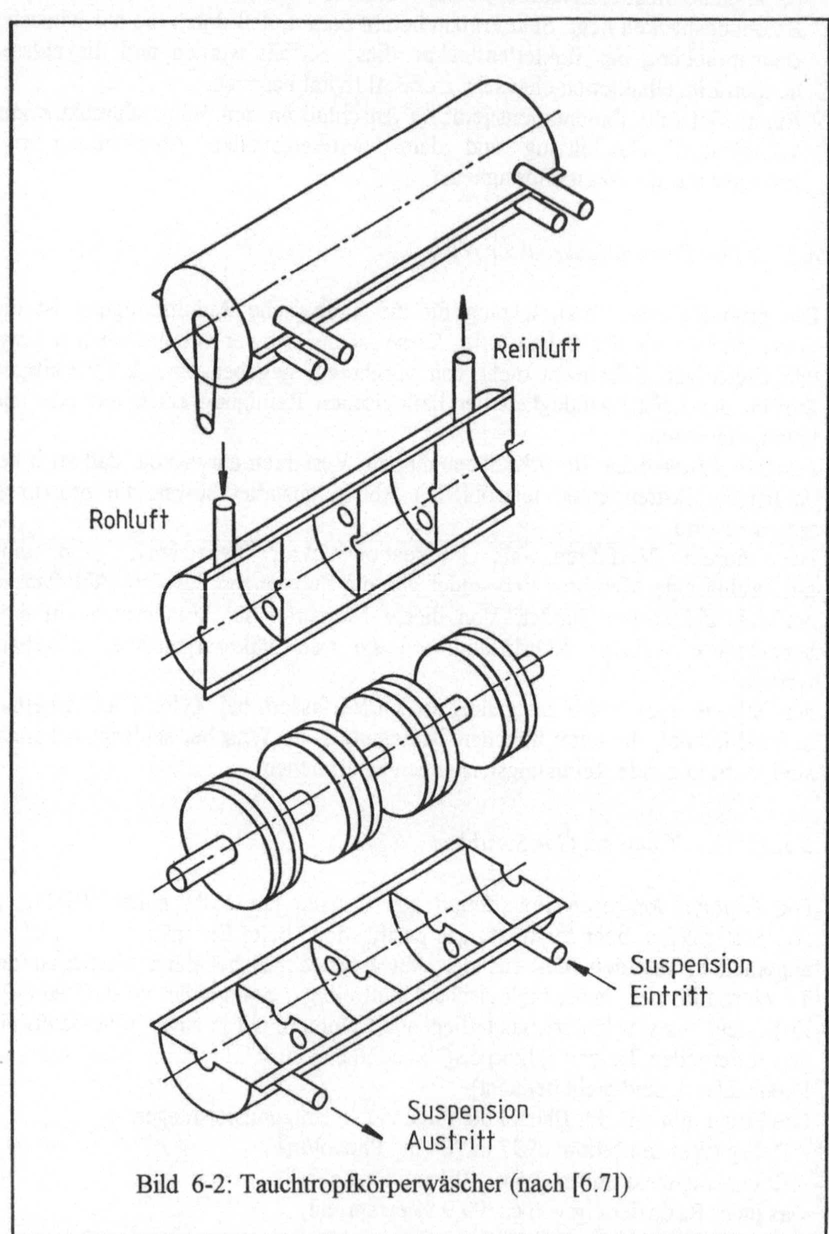

Bild 6-2: Tauchtropfkörperwäscher (nach [6.7])

6.2 Die patentrechtliche Situation

Die patentrechtliche Situation auf dem Gebiet der biologischen Abluftreinigung erscheint sehr uneinheitlich und unklar:

– Während in der Vergangenheit bestimmte konkrete Anlagen wie die Biofilter nach *Pomeroy, Kneer* [6.8] und *Zantopp* [6.9] oder Biowäscher-Typen zum Patent angemeldet wurden,
– wurden in den 80er Jahren in zunehmenden Maße für allgemeine Verfahren der Abluftreinigung Ansprüche geltend gemacht, die teilweise so allgemein gehalten sind, daß bei deren Verwirklichung eine Pattsituation in der weiteren technischen Entwicklung entstehen würde.

Hier ein Beispiel derartiger Patentansprüche:

"Verfahren zur biologischen Abluftreinigung [6.10]

Verfahren zur Reinigung von Sauerstoff enthaltenden Gasen, die durch biologisch abbaubare Substanzen verunreinigt sind, durch in Kontakt bringen der Gase mit einer wäßrigen Suspension geeigneter Mikroorganismen, dadurch gekennzeichnet, daß

a) die Kontaktzeit ... 0,5 bis 5 Sekunden beträgt,
b) die Suspension ... nach ... 3 bis 10 Minuten erneut ... in Kontakt gebracht wird,
c) der Suspension ständig aktive Biomassesuspension zugeführt wird ...
d) überschüssige Suspension abgezogen wird".

Zusätzlich werden noch 7 Zusatzansprüche formuliert, diese betreffen im einzelnen:

– eine Biomassenkonzentration in der Suspension von 0,2 ... 1 g TS/l
– die Konzentration der zugeführten aktiven Biomasse (0,5 ... 2 g TS/l)
– die vorherige Adaption der Biomasse an den Schadstoff in einem Fermenter
– den Einsastz von Strahl- oder Venturiwäschern
– zusätzliche biologische Abgasreinigung als 2. Stufe in Form eines Aktivkohlgranulattropfkörpers

Auch auf dem Gebiet der Biofiltration wurden sehr weitreichende Ansprüche angemeldet [6.11].

Die Fa. Mannesmann *VEBA* Umwelttechnik GmbH hat sich folgendes patentieren lassen

– die Einstellung der Gasfeuchte auf $\approx$ 90%
– die Einstellung der Gastemperatur auf den jeweils optimalen Bereich für psycho-, meso- und thermophile Bakterien

Damit wäre praktisch jeder neue Biofilter die Verletzung bestehender Ansprüche.

6.3 Aktuelle Entwicklungen und Verfahren

6.3.1 Ein neuartiges Biowäscherkonzept

Von der Bayer AG wurde in Zusammenarbeit mit der Firma *Trema* Verfahrenstechnik ein neuartiges Biowäscherkonzept entwickelt, bei dem die beiden Verfahrensschritte, d.h.
– die Absorption der Schadstoffe an die wässrige Phase und
– deren mikrobiologischer Abbau
nicht mehr in zwei getrennten Apparaten (Absorber und Bioreaktor) ablaufen, sondern in einer Bodenkolonne [6.13]
Das Herzstück dieser Biowäscheranlage bildet eine Bodenkolonne, auf deren Böden das Reaktionsvolumen für die biologische Oxidation der organischen Schadstoffe untergebracht ist. Es wird auch eine Flüssigkeitsschicht gebildet, in der die Mikroorganismen suspendiert sind. (Bild 6-3)
Durch diese Schicht sprudelt das Abgas und wird anschließend zum nächsten Boden weitergeleitet. Außerdem ist durch die Anordnung von Leitblechen und externe Verbindung der einzelnen Böden eine gute Durchmischung der Flüssigkeit gegeben, wobei gleichzeitig ein Absetzen von Überschußbiomasse auf den Böden verhindert wird [6.14].
Nach Angaben der Firma sollen mit diesem Konzept beim Abbau von 800 mg Methanol/m^3 und 40 mg Dimethylforamid in einer Großanlage mit 40 000 m^3/h Reinigungsleistungen von über 90 % erreicht worden sein. Hierbei ist allerdings zu beachten, daß während des Betriebes Abwasser mit einer Beladung bis zu 300 mg Methanol/l ausgeschleust und in einer Kläranlage entsorgt wurde, so daß die biologische Abbaurate niedriger liegt.

6.3.2 Das Biosolvverfahren

Dieses Verfahren, das von der Firma *Keramchemie* in Siershahn entwickelt worden ist, hat sein Haupteinsatzgebiet beim Abbau von schwer wasserlöslichen Substanzen mit Henrykoeffizienten > 20.

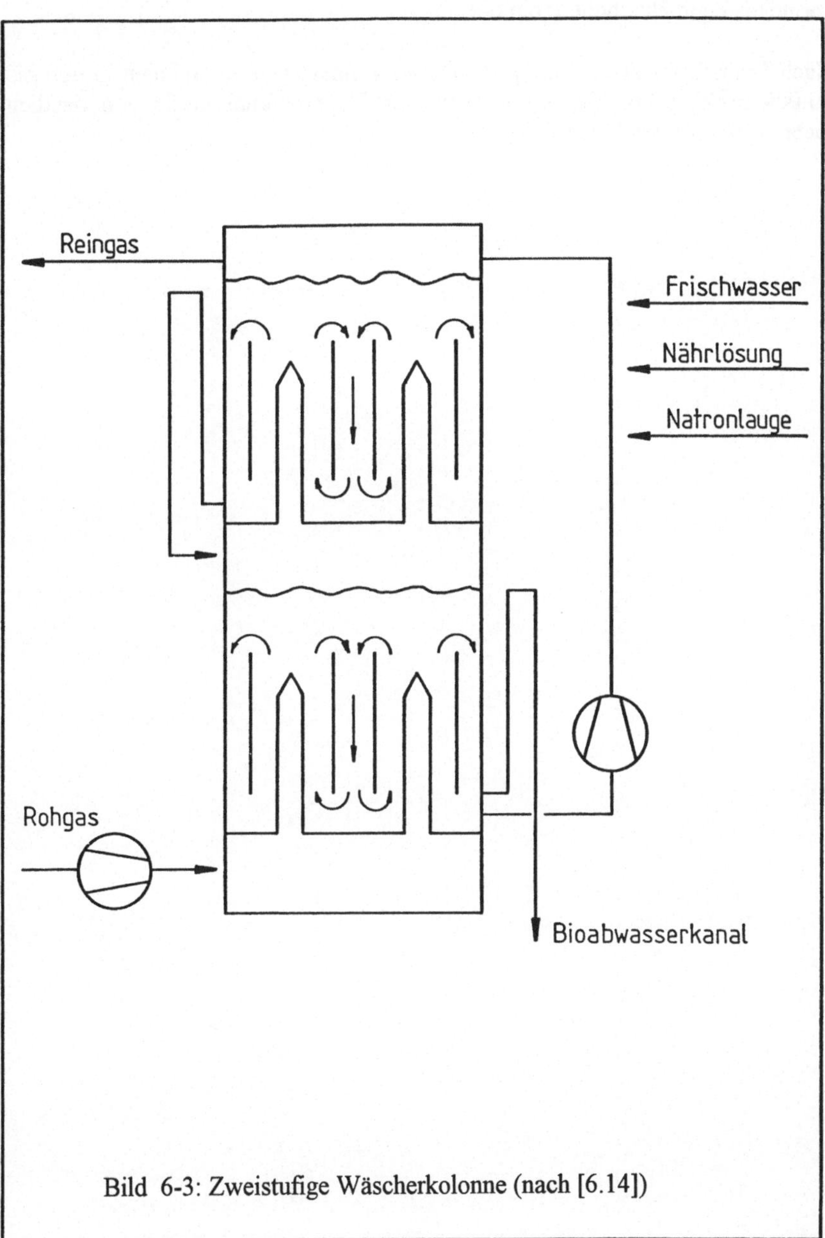

Bild 6-3: Zweistufige Wäscherkolonne (nach [6.14])

Hierbei werden dem Belebtschlamm-Wasser-Gemisch bis zu 30 % biologisch inerte Hochsieder als Lösungsvermittler hinzugefügt und damit das Absorptionsvermögen deutlich erhöht. (Bild 6-4)

Nach Herstellerangaben [6.15] konnten in großtechnischen Anlagen (9.000 bis 30.000 m^3/h) beim Abbau von Aromaten Dauerwirkungsgrade von deutlich mehr als 90 % erreicht werden.

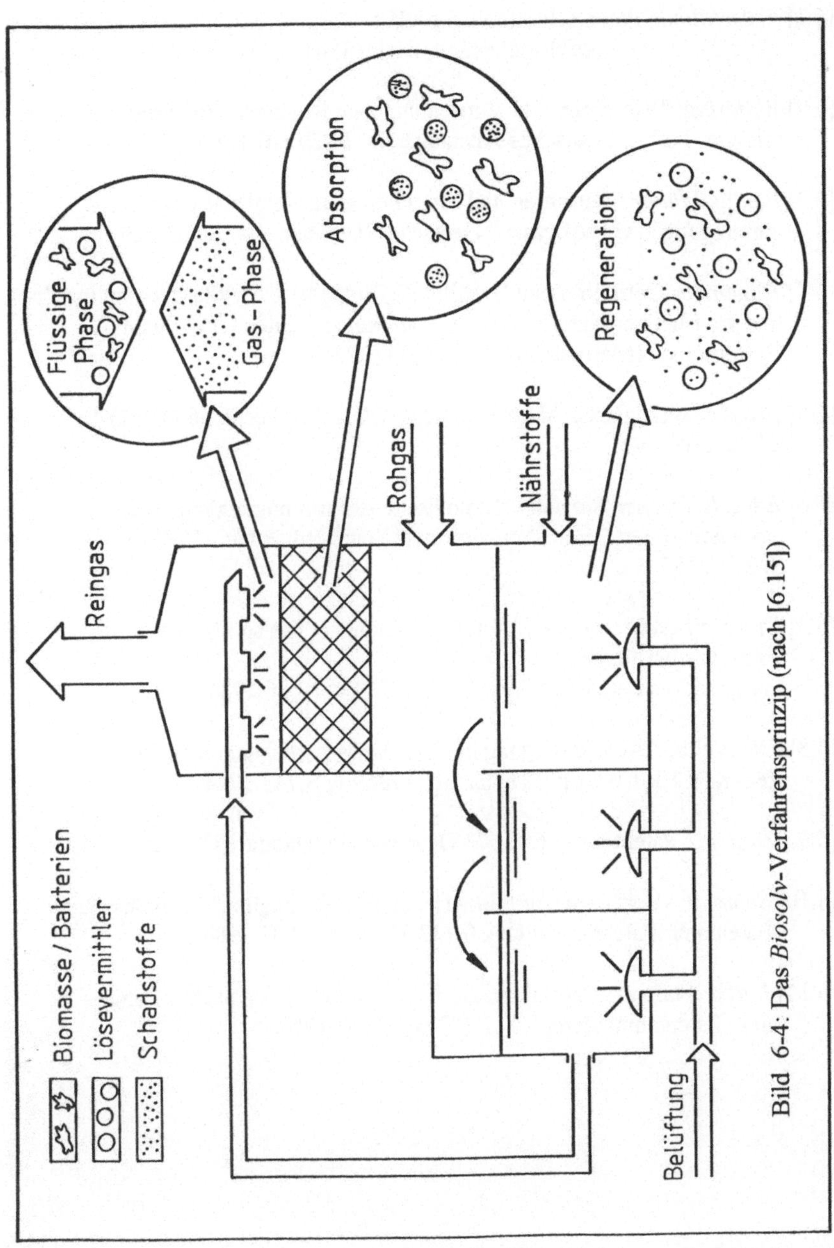

Bild 6-4: Das *Biosolv*-Verfahrensprinzip (nach [6.15])

6.4 Literaturverzeichnis zum Abschnitt 6

[6.1] *Prüss/Blunk*: Patentschsrift Nr. 710 954
        Reichspatentamt, Berlin 1941

[6.2] *Wilfering*: "Verfahren und Vorrichtung zum Reinigen von verun-
reinigter Luft,... Deutsches Patentamt Nr. 20 20 207 (18.11.71)

[6.3] *Beuthe/Müller* "Verfahren und Einrichtung zum Entfernen von Verunreinigungen von Abgasen" Deutsches Patentamt Nr. 22 37 929

[6.4] Allgemeen Octrooibureau Vestdijk 32, Eindhoven "Werkwijzw en inrich-
ting voor het verwijderen van van stankkomponenten uit de lucht"
Octrooiraad Nederland Nr. 7 102 133 (1972)

[6.5] *Brauer* "Biologische Abluftreinigung" Chem Ing Techn 56 (1984) 4,
S.279...286

[6.6] *Bäuerle/Fischer/Bardtke*: "Biologische Abluftreinigung mit Hilfe
eines neuartigen Permeationsreaktors" Staub-Rdl Bd 46 (1986)
S. 233...235

[6.7] *Ontario Research Found:* "Biological conpact gas scrubber for
waste gas purification"
Europäisches Patentamt, Publ.no. 165 730 v. 30.06.1984

[6.8] *Kneer* et al: "Abluftreinigung in einer Abwasserbehandlungsanlage, System KNEER Chem Ing Techn. 58 (19869 9, S.742...744

[6.9.] *Zantopp*: Patent Nr. 2.652 673 Deutsches Patentamt 1978

[6.10] *Schmidt*: "Verfahren zur biologischen Abluftreinigung" Europäisches
Patentamt, Patentanmeldung 0 132 222 vom 09.07.1984

[6.11] *Lützke/Vollmer*: "Verfahren zur Biofiltration" Europäisches Patentamt, Patentanmeldung 0 111 302 vom 7.12.1983

[6.12] *Kirchner/Rahm/Hauk*: "Verfahren zur Abscheidung gasförmiger organischer Schadstoffe, welche auch in Spuren vorliegen können, aus Abgasen durch biologische Oxidation mittels Bakterien" Europäisches Patentamt, Patentanmeldung 0 147 721 vom 11.12.1984

[6.13] *Wolff*: "Biologische Abluftreinigung mit einem neuen Biowäscherkonzept" VDI Berichte Nr. 735 (1989), S.99...107

[6.14] Firmenunterlagen der *Bayer* AG, Leverkusen

[6.15] Firmenunterlagen der *Keramchemie* GmbH, Siershahn

7 Emittierte Schadstoffe und ihr mikrobiologischer Abbau

Der biologische Abbau von überwiegend organischen Substanzen wird von *Swisher* [7.4] als "das Zerstören chemischer Verbindungen durch die biologische Tätigkeit lebender Organismen" definiert.

Er unterscheidet dabei:

– den primären Abbau, beim dem durch Oxidation oder andere Vorgänge die Substanz soweit verändert wird, daß sie ihre charakteristischen (z.B. schädigenden) Eigenschaften verliert und

– den vollständigen Abbau als Umwandlung in CO_2, H_2O und anorganische Salze

Zusätzlich haben *Gilbert/Watson* einen sogenannten "für die Umwelt akzeptablen Abbau" eingeführt [7.5], worunter sie die Umwandlung verstehen, die zum Verlust der für die Umwelt unerwünschten Eigenschaften führt.

7.1 Abbaubarkeit und mikrobielle Anpassung

Die biologische Abbaubarkeit eines organischen Stoffes hängt nach *Pitter* [7.6] von drei Gruppen von Einflußfaktoren ab:

– von physikalisch-chemischen Faktoren wie:
  • Temperatur
  • Löslichkeit
  • Verteilung im Medium
  • pH-Wert
  • gelöster O_2-Anteil u.a.

– von einer Reihe biologischer Gegebenheiten wie beispielsweise:
  • der Herkunft der Mikroorganismen und ihrem Alter,
  • der eventuellen Toxizität des Substrates oder
  • dem Einfluß anderer anwesender Stoffe

– sowie von den chemischen Eigenschaften des Stoffes, besonders von
  • der Molekülgröße
  • der Kettenlänge
  • der Zahl und Lage der austauschbaren Atome bzw. Atomgruppen,
  • dem räumlichen Aufbau des Moleküls

Wenn nun Mikroorganismen mit einem für sie neuen Substrat in Kontakt gebracht werden, so gibt es nach *Swisher* [7.4] drei mögliche Ergebnisse:

– Bei engem Zusammenhang des Substrates mit dem Stoffwechsel-Kreislauf wird es sofort angenommen und von den im allgemeinen in ausreichender Menge vorhandenen Enzymen abgebaut.

– Der Stoff kann auch nach längerer Anpassungszeit nicht abgebaut werden, wofür es zwei Gründe geben kann:
  • entweder ist er biologisch nicht abbaubar
  • oder die äußeren Bedingungen lassen einen Abbau nicht zu.

– Bei der überwiegenden Zahl der in Frage kommenden Stoffe erfolgt ein Abbau erst nach einer gewissen Anpassungszeit (Adaptionsphase), da sich die Bakterienpopulation zunächst auf das neue Substrat einstellen muß.

Diese Adaption an ein wechselndes Nährstoffdargebot erfolgt mittels einer der beiden folgenden Wirkmechanismen:

– Eine ganze Reihe von Enzymen werden nur bei Bedarf durch die Mikroorganismen aufgebaut, d.h. während der Anpassungszeit erfolgt eine ständige Steigerung der Syntheseleistung für das zum Abbau erforderliche Enzym, bis dieses in ausreichender Menge produziert werden kann. Diese Zeitspanne ist meist relativ kurz.

– Längerfristig erfolgt die Adaption der Bakterien an das Substrat durch Selektion, d.h. daß einzelne Bakterienstämme auf die neuen Umweltbedingungen mit starkem Wachstum reagieren, da sie aus dem Abbau ein erhöhtes Nahrungsangebot ausnutzen können, während andere stagnieren bzw. ganz oder teilweise verschwinden.

Bei der biologischen Abluftreinigung muß im allgemeinen immer mit einer längeren oder kürzeren Adaptionszeit gerechnet werden.
Die bisher beschriebenen Abbaumechanismen beruhen auf dem Vorgang der Metabolisation, bei der die organische Verbindung unter Energiefreisetzung in Zellsubstanz und andere Produkte umgewandelt wird, wobei die Zellzahl zunimmt.
Daneben treten jedoch enzymatische Umwandlungen von Substanzen auf, bei denen diese weder als Energie- noch als Kohlenstoffquelle genutzt werden.
Dieser Vorgang, bei dem die Zellzahl nicht zunimmt, wird von Alexander
(s. a. Abschnitt 4.2.1) als Co-Metabolismus oder Co-Oxidation bezeichnet.
Dieser partielle Abbau erfolgt nur sehr langsam, die Abbaurate wächst durch Adaption nicht an und für ein Wachstum der Population ist ein zusätzliches Wachstumssubstrat erforderlich.

Die Möglichkeiten der Adaption von Mikroorganismen an ganz bestimmte Substanzen hat in den letzten Jahren zur gezielten Isolierung bzw. Züchtung von Bakterienpopulationen zum Abbau besonders von sogenannten "xenobiotic compounds", d.h. in der Natur im allgemeinen nicht abgebauter Schadstoffe geführt (Nähere Ausführung hierzu im Abschnitt 7.4).

7.2 Der mikrobielle Abbau von Kohlenwasserstoffen

Während man früher das Wachstum einer Mikroflora auf chemisch so beständigen organischen Verbindungen wie Paraffinen, Rohöl und ähnlichen Verbindungen als sehr seltenes Vorkommnis betrachtete, weiß man heute, daß diese Verwertung von Kohlenwasserstoffen durch ein breites Populationsspektrum von Mikroorganismen betrieben wird. Als Ursache hierfür wird die Tatsache gewertet, daß Kohlenwasserstoffe auch in der Gegenwart noch von Grünpflanzen als sekundäre Metaboliten dargestellt werden und nicht nur z.B. in Lagerstätten fossiler Brennstoffe vorkommen.

7.2.1 Die Verwertung von C_1-Verbindungen

Es existiert eine Mikroorganismengruppe, die langkettige Kohlenwasserstoffe nicht abbauen können und sich deshalb auf die Verwertung von Methanol, Formaldehyd, Ameisensäure (sogenannte C_1-Verbindungen) u.ä. spezialisiert haben:
die methylotrophen Bakterien und Hefen.
Zu dieser Gruppe gehören auch Mikroorganismen, die Methan durch eine Methan-Oxygenase-katalysierte Reaktion über die Zwischenprodukte Methanol, Formaldehyd und Ameisensäure zu CO_2 abbauen:

$$CH_4 \xrightarrow{[O]} H_3C\text{-}OH \xrightarrow{-2[H]} HC\overset{O}{\underset{}{\text{-}}}H \xrightarrow[2[H]]{H_2O} HC\overset{O}{\underset{}{\text{-}}}OH \xrightarrow{-2[H]} CO_2$$

Hierzu gehören u.a. Methylomonas undMethylosinus.
Außerdem werden C_1-Verbindungen u.a. auch von Pseudomonas MA metabolisiert, wobei die Bildung von Serin aus C_1 und Glycerin die entscheidende Reaktion darstellt.

7.2.2 Die Oxydation von kurzkettigen n-Alkanen

Stellvertretend für diese Gruppe von Kohlenwasserstoffen soll hier der Abbau von Äthanol angeführt werden. Die Fähigkeit zur Verwertung von Äthanol ist unter den Mikroorganismen weit verbreitet, so unter anderen bei den Gattungen Mycobacterium, Flavobacterium und Nocardia.
Der Abbau erfolgt in der Sequenz

Äthanol $\rightarrow$ Acetaldehyd $\rightarrow$ Acetat $\rightarrow$ Acetyl $\rightarrow$ CoA,

wobei letztere Verbindung im Tricarbonsäure-Zyklus zu Kohlendioxid unter Abspaltung desWasserstoffs, der durch Coenzyme zur Atmungskette transportiert wird, umgesetzt wird.
Die für diese Prozesse erforderlichen Enzyme, Alkohol- u. Aldehyddehydrogenase sowie Acetyl-CoA-Synthetase sind bei vielen Mikroorganismen vorhanden.

7.2.3 Der Abbau aliphatischer Kohlenwasserstoffe

Die Verbindungen der aliphatischen Reihe, d.h. die längerkettigen Kohlenwasserstoffe werden von einer großen Anzahl von Mikroorganismenarten verwendet, wobei die Artenvielfalt mit wachsender Kettenlänge größer wird:
Hier sind besonders die Pseudomonaden zu nennen, die eine vollständige Oxidation aliphatischer Kohlenwasserstoffe bewirken, es werden also keine Intermediärstoffe akkumuliert werden.
Außerdem wurden Hefen vom Typ Candida gefunden, die besonders ab C_{15} alle höheren Verbindungen verwerten können.

Der Abbau beginnt mit der Oxidation eines C-Atoms zur Carboxylgruppe. Die dabei gebildeten Fettsäuren werden über die ß-Oxidation verwertet, wobei das gebildete Acetyl-CoA wieder im Tricarbonsäure-Zyklus zu CO_2 und H_2 abgebaut wird (s.o.).
Die für die Oxidation der n-Alkane benötigten Enzymsysteme sind bei den Bakterien zwar genetisch angelegt, ihre Produktion wird jedoch meist erst durch das Substrat ausgelöst.

7.2.4 Die Spaltung von Aromaten

Da durch höhere Pflanzen im Rahmen ihrer Biomassenproduktion erhebliche Mengen an Aromaten freigesetzt werden, ist die Existenz einer breiten Mikroorganismenvielfalt zu erwarten, die zur Oxidation von ringförmigen Kohlenwasserstoffen, der Aromaten fähig sind.

In der Tat gibt es nicht wenige, die zur biochemischen Spaltung des aromatischen Ringes befähigt sind und die Spaltprodukte in ihren Stoffwechselprozeß einzubeziehen. Als Vorbereitung für die Spaltung dient eine Hydroylierung, die durch Monooxygenasen katalysiert wird:

$$R\text{-}C_6H_5 + O_2 + XH_2 \xrightarrow{\text{Hydroxylase}} R\text{-}C_6H_4\text{-}OH + H_2O + X$$

Die eigentliche Spaltung kann auf verschiedene Weise erfolgen, so z.B.
– als ortho-Spaltung zwischen zwei hydroxylierten Kohlenstoffatomen
– als meta-Spaltung zwischen einem hydroxylierten und einem benachbarten C-
 Atom

Zusammenfassend läßt sich sagen, daß die meisten auch in der Natur vorkommenden Kohlenwasserstoffe biologisch abbaubar sind, d.h. durch Mikroorganismen verändert oder sogar vollständig oxidiert werden können, wobei das Problem in der geeigneten Überführung in die wässrige Phase besteht.

7.3 Der Abbau anorganischer Substanzen

Wie bereits erwähnt, gewinnen autotrophe Bakterien ihre Energie durch die Oxidation anorganischer Substanzen, so z.B. NH_3 oder auch H_2S, wobei sie den zu ihrem Wachstum erforderlichen Kohlenstoff in Form von CO_2 in ihren Stoffwechsel einbringen:
NH_4^+ - Ionen können nach *Watson* [7.7] durch Bakterien der Familie Nitrobacteraceae in zwei Stufen zu Nitrat oxidiert werden:

$$NH_4^+ + 1{,}5\ O_2 \rightarrow NO_2^- + H_2O - 340\ KJ/M$$

$$NO_2^- + 0{,}5\ O_2 \rightarrow NO_3^- - 72\ KJ/M$$

Schwefelverbindungen werden nur durch wenige Bakteriengattungen, so z.B. einige Vertreter der chemolithothrophen sowie der fadenförmigen Bakterien oxidiert [7.8]:

$$H_2S + 2O_2 \rightarrow H_2SO_4 - 640\ KJ/M$$

7.4 Die Abscheidung biologisch schwer abbaubarer Substanzen

In den letzten 10 Jahren sind erhebliche Fortschritte bei der Isolierung bzw. Neuzüchtung von solchen Bakterienstämmen und -mischkulturen gemacht worden, die derartige Stoffe umsetzen können [7.9].

Grundlegende Erfolge wurden hier vor allem am Biotechnology Center der Universität Groningen erzielt [7.10].

Hier wurden Bakterienstämme ("strains") isoliert, die sogenannte "xenobiotic compounds" metabolisieren können. Diese Kulturen wurden aus Belebtschlamm, Flußschlamm oder belastetem Erdreich isoliert (s. Tabelle 7-1).

Hier zwei Beispiele für den Abbau von Halogen-Kohlenwasserstoffen [7.11]

– Hydrolyse von 1,2 - Dibrommethan durch strain GI 70 M4 zur Erzielung ungiftiger Zwischenprodukte unter Freisetzung von Brom:

$$CH_2Br\text{-}CH_2Br \xrightarrow[HBr]{H_2O} CH_2Br\text{-}CH_2OH \rightarrow$$

$$\xrightarrow[HBr]{H_2O} CH_2OH\text{-} CH_2OH \ (Glykol)$$

– Oxidation von 1,2 - Dichlorethylen durch strain GJ 90:

$$CHCL = CHCL \xrightarrow[Enzyme]{O} CHCL\text{-}O\text{-}CHCL \rightarrow$$

$$\xrightarrow[2HCL]{H_2O} O = CH\text{-}CH{=}O$$

Tabelle 7-1

Spezielle mikrobielle Kulturen zum Abbau von KW-Derivaten durch *Janssen* et al [7.10] (isoliert im Biotechnologischen Zentrum der Uni Groningen/NL)

Bakterienstamm:	adaptiert an:	baut außerdem ab:
Xanthobacterium GI 10	1,2 - Dichlorethan	Methanol, Toluol, I-Propanol
Hyphomicrobium GI 21	Dichlormethan	Methanol
Acinetobacterium GI 70	1,6 - Dichlorhexan	Äthylbromid,1-Chlorbutan, Benzol
Stain GI 70 M4	Abkömmling vo GI 70	1,2 - Dibrommethan
Strain GI 30	Chlorbenzol	
Pseudomonas GI 31	Chlorbenzol	Toluol
Strain GI 60	O-Dichlorbenzol	Chlorbenzol
Pseudomonas GI 40	Toluol	
Strain OB 8(1)	P-Dimethylbenzol	M-Dimethylbenzol
Strain GI 100	O-Dimethylbenzol	Toluol, Äthylbenzol, I-Propylbenzol
Strain GI 50	N´N-Dimethylformamid	
Strain GI 80	Methylen	

7.5 Literaturverzeichnis zum Abschnitt 7

[7.1] *Schlegel*: "Algemeine Mikrobiologie"
Stuttgart 1976

[7.2] *Weide/Aurich*: "Allgemeine Mikrobiologie"
Jena 1979

[7.3] *Lehninger*: "Bioenergetik"
Stuttgart 1974

[7.4] *Swisher*: "Surfactant biodegradation"
New York 1970

[7.5] *Gilbert/Watson*: "Biodegradability testing ..."
Tenside Detergents 14 (1977), S. 171 ... 177

[7.6] *Pitter*: "Determination of biological degradability of organic substrates",
Water Res. 10 (1976) S. 231 ... 236

[7.7] *Watson*: "Taxonomic consideration of Nitrobacteracea"
1st Int Syst. Bacterial (1971)

[7.8] *Buchanan/Gibbons*: "Bergey's manual of determinative
bacteriology", Baltimore 1974

[7.9] *F.A.S.T.* - Report: "Environmental Biotechnology: Future Prospects"
Vol. I + II, Mitteilungen der EG-Komission Nr. 50/51 (1983)

[7.10] *Jansen* et al: "Feasibility of Spezilzed Microbial Cultures for the
Removal of Xenobiotic Compounds" Heidelberg 1987

[7.11] *Keuning* et al in: Journal Bacteriology 163 (1985) S. 636 ... 639

[7.12] *Larbig*: Versuch zum Styrolabbau im Laborfilter
bc-Versuchsbericht (unveröffentlicht), Wedemark 1993

9 Sachregister

A

B

C

D

E

Emission 1, 2, 5, 80f
Enzyme 31f, 36, 39f, 68, 104, 106
enzymgesteuerte Reaktion 19
enzymkatalysierte Reaktion 39f

F

Filter
— bett 65f, 70, 75
— fläche 49, 71, 75
— material 49, 52, 55, 58, 62f, 69f, 82f
— schicht 62, 72
— widerstand 52f
Flächen (bio) filter 9, 16, 49, 55, 62, 67, 72

G

Geruch 1f
Geruchs
— art 2
— beseitigung 12, 49, 55f
— einheit 3f, 8
— emissionen 1f,
— schwelle 3, 8, 84
— stoffe 2, 9, 13, 15, 49, 80, 84
— stärke 2
— theorien 2f
Gesetzliche Grundlagen 5f
Grenzschicht 22

H

Henrysches Gesetz 21f
Henry Koeffizient 34, 96

K

Katabolismus 38f
Katalytische Verbrennung 11f
Kohlenstoffquelle 35f, 104

Kohlenwasserstoffe 15, 64, 79, 81, 91, 105f, 108
Kompaktfilter 55
Konzentration (von Schadstoffen) 1f, 4, 8, 12f, 15, 20, 65, 81, 83, 87, 95

L

luftfremde Stoffe 5, 15, 81
Luft
— inhaltsstoffe 1f
— schadstoffe 1f, 9
Löslichkeit 19, 21f

M

Makrokinetik 19f
Metabolisierung 38, 104
mikrobieller Abbau 35f, 62, 74, 96, 103f
Mikrokinetik 19f
Mikroorganismen 19, 35f, 62f, 74f, 82f, 95f, 103f

N

Nährstoffversorgung (der Mikroorganismen) 62, 64f, 75f

O

Oxidation 11, 13, 19f, 103f
— biologische 20f, 44f, 70, 96
Ozonisierung 12f

P

pH-Wert 15, 64, 74, 81, 103
physiologischer Reinigungseffekt 83f

R

Reaktion 19f, 103f
Reaktionsgeschwindigkeit 20f

WISSEN HAT VIELE SEITEN.
DAS FACHBUCH

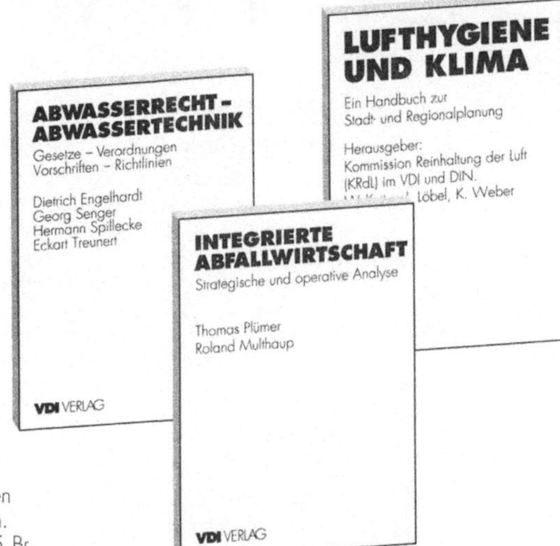

Dietrich Engelhardt u.a.

**Abwasserrecht –
Abwassertechnik**

Gesetze – Verordnungen
Vorschriften – Richtlinien.
1993. IX, 511 S. DIN A5. Br.
DM 148,00/öS 1.154,00/
sFr 148,00
ISBN 3-18-400981-5
Das vorliegende Werk stellt die für den Bereich Abwasserbeseitigung bedeutsamen Regelungen zusammen und führt in Grundrissen in die Materie ein. Soweit Landesrecht betroffen ist, beschränkt sich die Darstellung auf die nordrheinwestfälischen Regelungen. Das Buch will damit den Praktikern in Industrie und Wirtschaft, Kommunen, Wasserverbänden und Behörden eine umfassende Orientierung über einschlägige Vorschriften zur Abwasserbeseitigung ermöglichen.

Thomas Plümer/
Roland Multhaup

**Integrierte
Abfallwirtschaft**

Strategische und operative
Analyse.
1994. Ca. 500 S. DIN A5. Br.
Ca. DM 168,00/
öS 1.310,00/sFr 168,00
ISBN 3-18-401358-8

Das Werk betrachtet nicht nur die rechtlichen und technischen Komponenten sondern zeigt anhand eines konkreten Beispiels, wie eine Präferenzanalyse unter Berücksichtigung logistischer Verfahrensalternativen und gesetzlicher Rahmenbedingungen durchgeführt werden kann.

Werner Frank

**Die Abfallwirtschaft
als Teil der
Rohstoffwirtschaft**

1990. VIII, 107 S., 32 Abb.,
7 Tab. 24 x 16,8 cm. Gb.
DM 29,00/öS 226,00/
sFr 29,00
ISBN 3-18-401067-8
Dargestellt wird die Bedeutung von Umwelterhaltung und Umweltschutz für ökonomische und empirische unternehmerische Entscheidungen im Bereich der betrieblichen Rohstoff- und Abfallwirtschaft sowie im Recycling.

VDI-Mitglieder erhalten 10% Preisnachlaß, auch im Buchhandel.

Analytik bei Abfallentsorgung und Altlasten

Hrsg. VDI-Bildungswerk
1991. VIII, 254 S., 63 Abb.,
23 Tab. DIN A5. Br.
DM 68,00/öS 530,00/
sFr 68,00
ISBN 3-18-401024-4
Die Analytik ist die wesentliche Basis für eine ökologisch richtige und ökonomisch tragbare Entsorgung und Altlastsanierung. Die Analytik bietet auch dem Abfallverursacher Hinweise auf die Vermeidung, Verringerung oder Verwertung von Abfallbestandteilen.

D.O. Reimann u.a.

Klärschlammentsorgung I

Daten – Dioxine – Entwässerung – Verwertung –
Entsorgungsvorschläge.
Hrsg. VDI-Bildungswerk
1991. VI, 312 S., 146 Abb.,
43 Tab. DIN A5. Br.
DM 84,00/öS 655,00/
sFr 84,00
ISBN 3-18-401023-6

Dies ist der erste Band einer kleinen Reihe, die als Seminarunterlagen für die entsprechenden Veranstaltungen des VDI-Bildungswerks Verwendung findet. Die Klärschlammentsorgung ist schon und wird zunehmend ein Problem für alle Betreiber von Wasser-Reinigungs- und Kläranlagen.

Lufthygiene und Klima

Ein Handbuch zur Stadt- und Regionalplanung.
Hrsg. Kommission Reinhaltung der Luft (KRdl) im VDI und DIN, H. Schirmer, W. Kutter, J. Löbel, K. Weber
1993. XX, 507 S., 68 Abb.,
33 Tab. DIN A5. Gb.
DM 128,00/öS 998,00/
sFr 128,00
ISBN 3-18-401349-9
Das vorliegende Werk behandelt einen Sektor der Umweltpolitik, der Aspekte der Sanierung, Erhaltung und Gestaltung zu berücksichtigen hat. Auf die vielfältigen Gesichtspunkte, die mit einer Umweltplanung im Dienst des Vorsorgeprinzips verbunden sind, wird daher ausführlich eingegangen.